地域の足を支える
コミュニティーバス・デマンド交通

堀内重人
shigeto horiuchi

鹿島出版会

はじめに

　路線バスを含めた交通事業は、安定供給を担保することもあり、参入を規制する代わりに、認可制の運賃・料金を採用して、儲かっている部門の利益で不採算部門を内部補助させることでユニバーサルサービスを提供させることが是とされてきた。

　しかし技術革新が進むと同時に、国民所得の向上もあり、自家用車の保有率が向上すると、従来から実施されている規制では、市場の変化に柔軟に対応ができなくなった。そこで1990年代に入ると規制緩和が提唱されるようになり、2000年代に入ると2000年3月に鉄道事業法が改正され、続いて2002年2月には、道路運送法が改正された。これにより参入に対する規制は「免許制」から「許可制」に緩和され、鉄道や路線バスを安全かつ安定して輸送する能力がある事業者に対しては、市場へ参入するための門戸が開かれた。

　しかしその一方で、撤退に関する規制は、地域住民と事前に協議を行い、代替の輸送手段が確保されてから路線を休廃止する「許可制」から、事業者の事後の届け出だけで可能となる「届出制」に緩和されてしまった。

　そうなると公共交通空白地域が多数生じることになり、2000年代に入ると、各自治体などが公共交通空白地域を解消するため、コミュニティーバスを導入するケースが増加する。今日のコミュニティーバスの原型は、1995年に東京都武蔵野市で導入された「ムーバス」が最初であった。

　「コミュニティーバス」と言っても、法的に明確に定義されてはいない。普通の路線バスと同様、道路運送法などの規定に従って運行されるが、従来型の路線バスは採算性を重視して運行されていた。だがコ

ミュニティーバスは、地域住民の外出の促進など、利便性を重視して、比較的低廉な運賃で運行される。そこが根本的な違いではなかろうか。不採算となると、損失は自治体が各バス事業者に補助している。

これではまずいと思った当時の自民党・公明党政府は、2007年10月から地域公共交通活性化再生法を施行させ、試験運行（運航）や増発などの社会実験を実施するなど、頑張る地域や事業者に対しては、補助金の増額を実施するようになった。

2009年8月に実施された総選挙で大勝した民主党は、2011年3月8日に「交通基本法案」を国会に提出し、そして2011年4月から地域公共交通確保維持改善事業をスタートさせることになった。この事業では、地域公共交通活性化再生事業で支給されていた試験運行（運航）や増発など、社会実験に対する補助は実施されないが、低床式車両などを導入したり、ICカード式の乗車券などを導入するなど、バリアフリーに対する補助金は支給されるようになった。

民主党が国会に提出した「交通基本法案」には、野党時代に社民党と共同で提出した「交通基本法案」で掲げられていた「移動権」という文言は削除され、災害時の復旧などが盛り込まれないなど問題点はあった。だが「観光立国」という文言や外国人も対象に含めるなど、進歩した面もあった。

しかし、民主党が「交通基本法案」を国会に提出した3日後に東日本大震災が発生しただけでなく、菅内閣の後を継いだ野田内閣は2011年11月に衆議院を解散したため、成立仕掛けていた「交通基本法案」は廃案となってしまった。

2012年12月の総選挙で圧勝して政権に返り咲いた自民党は、2013年11月に交通政策基本法を成立させ、2013年12月から交通政策基本法を施行させた。従来の事業法は、利用者よりも事業者の方を向いた交通政策が実施されていたため、利用者のニーズとかけ離れた交通政策が実施されることも多々あった。交通政策基本法が成立したと言っ

ても、「交通権」「移動権」は法案に盛り込まれなかったが、この法律は理念法であるため、従来の法律よりも上位に位置することになる。今後は、利用者のニーズに適した交通政策が実施されることを願いたいところである。

　本著は、二部形式とする。第Ⅰ部は、コミュニティーバスの現状について述べ、第Ⅱ部ではデマンド型の現状と課題について、二部料金制の導入の是非も踏まえて言及したい。

2017 年 6 月
堀内　重人

目　次

はじめに

第Ⅰ部　コミュニティーバスの誕生と「ムーバス」の成功

1. コミュニティーバスとは……3

1.1　コミュニティーバスの種類と変遷……3
（1）コミュニティーバスとは……3
（2）運行形態……4

1.2　「ムーバス」の誕生……8
（1）東京都武蔵野市の特徴……8
（2）「ムーバス」が経営的にも成功した要因……11

2. 地方都市のコミュニティーバス……19

2.1　「草津・栗東・守山くるっとバス」……19
（1）日本初の草津市と栗東市の共同運行……19
（2）今後の課題……24

2.2　京丹後市営バス……27
（1）京丹後市の誕生……27
（2）スクールバス混乗方式の採用……31
（3）デマンド型乗合タクシー……35
（4）地域に与えた効果と今後の課題……38

2.3　奈良県十津川村の奈良交通委託の村営バス……40
（1）スクールバスから自家用自動車有償運行へ……40

(2) 奈良交通への委託 ... 45
　(3) 今後の課題 ... 47

3. 住民主体のコミュニティーバス ... 51

3.1 醍醐コミュニティーバス ... 51
　(1) 導入の契機となった京都市営地下鉄東西線の開通 ... 51
　(2) 協賛金の導入 ... 55
3.2 「生活バスよっかいち」 ... 58
　(1) 協賛金・応援券の導入 ... 58
　(2) 今後の課題 ... 61

4. コミュニティーバスの課題 ... 67

4.1 廃止されたコミュニティーバス ... 67
　(1) 大阪市の「赤バス」 ... 67
　(2) かしわコミュニティーバス ... 69
　(3) 熊本市都心部循環「ゆうゆうバス」 ... 70
4.2 利用が低迷するコミュニティーバスの特徴 ... 73
　(1) 利用者の減少 ... 73
　(2) ルート選定 ... 76
　(3) わかりづらさ ... 78
　(4) 運行時間や運行日時 ... 79
　(5) デマンド型に移行 ... 80
4.3 コミュニティーバスを有効に機能させるための課題 ... 84
　(1) 「ミニバス・補助金・100円均一運賃ありき」からの脱却 ... 84
　(2) 経営面 ... 85
　(3) 市民の意識改革とNPOの役割 ... 87
　(4) 創意工夫 ... 88

5. バス車両を用いた貨物輸送 ... *91*

5.1 誕生する背景と実施事例 ... *91*
(1) バス車両を用いた貨物輸送が誕生する背景 ... *91*
(2) 岩手県北自動車 ... *93*
(3) 宮崎交通 ... *98*

5.2 バス車両による貨物輸送が成立する条件と課題 ... *102*
(1) どのような路線に導入すべきか ... *102*
(2) 駐車スペースの確保 ... *105*

第Ⅱ部　デマンド型輸送の現状と課題

6. デマンド型輸送 ... *111*

6.1 デマンド型輸送が誕生する背景 ... *111*
(1) 地域公共交通活性化再生法の成立 ... *111*
(2) 地域公共交通活性化再生法の問題点 ... *113*
(3) 地域公共交通確保維持改善事業への移行 ... *114*
(4) 生活交通サバイバル戦略の評価すべき点と問題点 ... *116*

6.2 交通政策基本法の成立 ... *120*
(1) 交通政策基本法とは ... *120*
(2) 地域公共交通網形成計画の策定 ... *123*

6.3 高知県の事例 ... *124*
(1) 高知市鏡・土佐山地域 ... *124*
(2) いの町 ... *129*

6.4 滋賀県の事例 ... *135*
(1) くりちゃんタクシー ... *135*
(2) らくらくタクシーまいちゃん号 ... *139*
(3) こはくちょうバス ... *142*

6.5 三重県玉城町の「元気バス」 ... *146*

(1)「元気バス」導入の背景	*146*
(2)「元気バス」運行後の変化	*148*
(3)「元気バス」の運行経費	*151*
(4) 今後の課題	*153*

7. 安易にデマンド型交通を導入させない対策 — *155*

7.1 デマンド型公共交通の問題点 — *155*
(1) コスト面 — *155*
(2)「予約・登録証」がバリアになる — *157*

7.2 MM(モビリティー・マネジメント)の導入 — *158*
(1) MMとは — *158*
(2) 取組み事例 — *160*
(3) バスマップの作製 — *163*

7.3 二部料金制の採用 — *167*
(1) 二部料金制とは — *167*
(2) 二部料金制導入に向けた課題 — *171*
(3) 筆者が考える二部料金制 — *172*

7.4 持続可能な地域をめざして — *174*
(1) 安易な幼稚園・小学校の統廃合を控える — *174*
(2) 病院・医院の維持 — *176*

7.5 筆者が考える過疎地の公共交通の姿 — *178*
(1) 幼稚園・旅館・自動車学校のバスの活用 — *178*
(2) 郵便局の集配車の活用 — *180*

参考文献 — *183*
おわりに — *187*

第 I 部

コミュニティーバスの誕生と「ムーバス」の成功

1. コミュニティーバスとは

1.1 コミュニティーバスの種類と変遷

(1) コミュニティーバスとは

　日本各地でコミュニティーバスをよく見かける。コミュニティーバスと言っても、市街地で地域住民向けに運行する路線バスもあれば、市街地内の図書館や公民館、病院などの主要施設や観光拠点などを循環する路線バスもある。昨今では、民間バス事業者が撤退したあとや、高度成長期に造成された路線バスがない住宅地などで運行されるなど、運行される形態やエリアも千差万別である。

　それゆえ「コミュニティーバス」を明確に定義した法律などは特にない。これは、運行する各自治体が独自の背景を持って運営するため、様々な運行形態やサービス手法が混在しており、法律などで明確に定義づけできないからである。だが運行は、従来の路線バスと同様に道路運送法などの規定に従っている。

　しかし、従来の路線バスは採算性を重視で設定されるのに対し、コミュニティーバスは高齢者や身体障害者などが病院や駅、公共施設、スーパーマーケットなどへの外出を促進する目的で設定される傾向にある。運賃も 100 円均一など比較的低廉に設定されるため、運賃収入で運行経費を賄うことは困難であり、損失は各自治体などが補填する傾向にあるが、新宿区のようにバスの購入費のみ補助する事例もある。

　以上のように、採算性よりも高齢者などの外出を促進させるなど福祉的な要素が強く、各自治体が損失補填やバス購入費に対して補助するなど、自治体が運行に関与している路線バスをコミュニティーバスと呼ぶ傾向にある。

　いずれも従来の路線バスの運行を補完することを目的としており、できるだけ重複しないように路線が設定される。

今日のコミュニティーバスの原型となったのは、次節で紹介する東京都武蔵野市が1995年に運行を開始した「ムーバス」と言われている。「ムーバス」は、自治体が運行路線やバス停、そしてダイヤなどを決めるが、運行は民間のバス会社に委託し、損失は自治体である武蔵野市が補填する方式で運行を開始した。バスを運行するとなれば、交通局がある自治体では、運行ノウハウを所有することから、そこが運行を担えばよい。

　だが交通局を所有しない自治体では、車両故障や交通事故などが生じた場合、それに対するノウハウが乏しいことから、一般的に地元の民間のバス事業者に運行を委託する。従来の路線バスは、利用者1名当たりの運行コストを下げるため大型バスを用いて運行することが一般的であった。路線バスの場合、運行経費の7割ぐらいが人件費であり、定員60名の大型バスから定員30名の小型バスに変更しても、運行経費が半分になるわけではない。むしろバス事業者とすれば、バス車両を小型化しても大幅に運行経費が減らないのであれば、車両を小型化した際の積み残しが出る危険性を考える。

　「ムーバス」が運行される武蔵野市は、狭隘な街路が多かったことから、従来のような大型バスでは走行が不可能であり、日野の「リエッセ」というミニバスが導入された。地方では、路線バスが撤退したあとに地域住民の日常生活の足を確保する目的から運行する場合は、ミニバスでも大き過ぎるため、ワゴン車をバスとして用いることがある。

(2)　運行形態

　コミュニティーバスと言っても運行形態や運行地域などにより千差万別であり、本項では運行形態に着目してみる。まずは、運行主体別に分類すると以下のようになる。

① 自治体が運行主体で、運行を民間に委託するタイプ
② バス事業者が運行主体で、自治体が補助金を出すタイプ
③ 沿線住民が、路線の設定など運行計画に当初から関与していくタイプ

④　NPO や町内会などに事業の運営とバス運行を委託するタイプ

①のタイプは、武蔵野市の「ムーバス」などのように、計画や運営は自治体が行うが、バスの運行は民間のバス事業者に委託している。収益が出た場合は自治体の収入となることが多く、バス事業者へは収益の有無にかかわらず、運行委託費を支払う。多くのコミュニティーバスはこの形態であり、公営バスの民間委託と似たような形態である。かつては貸切バス事業者やタクシー事業者が、貸切バス事業の乗合許可である道路運送法 21 条を適用して参入することが多かったが、2006 年の道路運送法の改正により、地域公共交通会議を経て、乗合バスである道路運送法 4 条の許可を受けて運行するようになった。俗にいうところの「みなし 4 条」である。

バス停の維持管理費や損失の補填を自治体が行うため、運賃は通常の路線バスより安価に設定できる。それゆえ 100 円均一、200 円均一などが多い。

②のタイプは、民間のバス事業者が、通常の路線バスと同様に路線を開設して運営する。収益はバス事業者の収入となることが多いが、車両・燃料費などの運行費用や損失に対しては、自治体が負担する。

このタイプは、近年開設された都市部のコミュニティーバスに多く、ルートや運行本数などに関しては、自治体や地域の町内会などと協議を重ねることが多く、路線開設や車両保有の際、バス事業者と自治体の連名になることがある。

民間のバス事業者が運営するが、自治体が損失を補填するため、安定供給が担保される代わりに、自治体にとれば財政面で負担となる。

③のタイプは、第 3 章で紹介する京都市醍醐地区の「醍醐コミュニティーバス」、三重県四日市市の「生活バスよっかいち」などがある。両事例とも、バスの運行は民間のバス事業者に委託しているが、路線の開設やダイヤ、運賃などは地域住民が主体となって決めている。

④のタイプは、兵庫県淡路市の長沢地区のミニバスなど、事例としては少ないが、NPO や町内会などに事業の運営とバス運行を委託する。このようなコミュニティーバスは、白ナンバーの自家用車を活用する

ため、道路運送法78条に基づき運行されている。

　次に、コミュニティーバスを分類する場合、運行地域により分類することもできる。運行地域により、コミュニティーバスは以下のように分類される。

　①　市街地循環型
　②　地方都市(廃止代替バス継承型)
　③　規制緩和後の公共交通空白地域解消型

①は、武蔵野市の「ムーバス」に代表されるように、人口密集の都市部で運行され、高齢者の外出促進だけでなく、通勤・通学、用務などの幅広い需要を満たしている。人口密度が高く、自家用車保有率の低い地域で運行されるため、「ムーバス」などのように、運賃収入で運行経費が賄える事例も見られる。

②は、三重県鈴鹿市の「Cバス」が主な事例である。三重県鈴鹿市のような地方都市では、市街地では道路交通渋滞に遭遇することで、路線バスの定時性が担保しづらい。そして郊外へ行けば、人口の過疎化と高齢化や自家用車の普及率が高いため、路線バスの利用者は高齢者層に限られるなど、都市部の路線バスの課題と過疎地の路線バスの課題の両方を抱えている。鈴鹿市では、廃止代替バスが空気輸送を行っていたことから、同じ補助金を出資するのであれば「空気を運ばないバス」にしたいと考えて、高齢化率が高く、市街地にも遠い西部地域で、「Cバス」というコミュニティーバス(椿・平田線および庄内・神戸線)の実証運行を約5年間で行った。その結果、廃止代替バス時代は、1便当たり2名程度しかなかった利用者は、12名程度に増加したこともあり、2005年度以降も継続して運行されている。

　「Cバス」が運行される三重県鈴鹿市は、人口密度約1,000人/km^{2}の自家用車普及率が高い農村地域であるが、「空気を運ばないバス」にする積極策が検討された結果、利用者が増加して有効に機能するようになった。

　その背景として、以下の理由がある。
　①　100円、200円という2段階の利用しやすい運賃

② 本数を増やし定時運行が可能なダイヤ
③ バス停の位置を住民に決めてもらう等の運行の「オーダーメイド」
④ 高齢者以外に高校生の利用を取り込めた
⑤ 地元の町内会が市内の観光地図を作成

以上のように、地域住民を巻き込んで「空気を運ばないバス」とするための取り組みを行ったことで、採算性だけを見れば「負」であるが、便益で見れば「正」という、「有効に機能するバス」となった。

③は、2002年2月に道路運送法が改正され、これにより需給調整規制が撤廃されると、不採算路線からの撤退が「届出制」に緩和された。そうなると不採算路線からのバス事業者の撤退が進み、廃止代替バスとしてコミュニティーバスが運行される事例が増えた。事例としては、第2章で紹介する滋賀県草津市の「まめバス」や栗東市の「くりちゃんバス」が該当する。このようなコミュニティーバスは、旅客需要そのものが少ないだけでなく、道路の幅員も狭い田舎道などで運行することもある。そのような場合は、ワゴン車を活用した乗合タクシーとして運行されたりすることもある。

コミュニティーバスを論じるとなれば、無視できないのが現在のバス事業者の経営環境である。バス事業者の7〜8割は「赤字」と言われており、国や都道府県、地方自治体が損失を補填することで、経営を維持している。赤字補填の仕組みは、路線形態、路線長、跨る自治体数、実行実績によって役割分担が決まっている。

かつては貸切バス事業や高速バス事業は、バス事業者にとって利益率が高く、これらの利益で不採算路線の損失を内部補助していた。しかし2000年2月に貸切バス事業の規制緩和が実施され、貸切バス事業への新規参入が相次いだため、利益率が良い事業ではなくなってしまった。高速バス事業は、2002年2月に規制緩和が実施された。利益率が良い事業であったため、新規参入が相次いだが、「ツアーバス」という形態で高速バスを運行する事業者も多数あった。これらの事業者は、中古のバスを用いたり、下請けや孫請けに運行を委託するなどし

て、運行経費を削減することで格安な運賃（旅行価格）を実現した。

　だが 2012 年 4 月に関越自動車で、ツアーバスが壁に激突して多数の死傷者を出す事故を起こしたこともあり、2013 年 7 月末で「ツアーバス」という形態は廃止された。

　高速バス事業者は普通の乗合バス事業よりは利益率が良い事業であり、高速バス事業の利益で、不採算な一般の乗合バス事業の損失を内部補助している。

　コミュニティーバスの収支であるが、武蔵野市の「ムーバス」は人口密度が 13,000 人以上の高密度地域を運行されるため、運賃収入で運行経費を賄えるが、コミュニティーバスの多くが、乗合バス事業者が運行しなかったり撤退した地域を運行している。その反面、運賃は大人 1 回当たり 100 円均一や 200 円均一と低廉であるから、収支を均衡させることは極めて困難である。赤字必至であるが、公共交通空白地帯の解消、地域住民の日常生活の足の確保という公益的な観点から、市町村から運行補助（損失補填）が行われるのが一般的である。

　各自治体は、路線、便数、停留所の位置など、コミュニティーバスのマスタープランを作成するが、運行は地元の民間バス事業者やタクシー事業者に委託することが多い。初期の頃は、東京都心部の周辺の人口密集地などが主であったが、次に地方都市圏、それから地方で路線バスが撤退した地域というように、コミュニティーバスが誕生する地区の条件が悪くなりつつある。また他の自治体がコミュニティーバスを導入すると、選挙の票集めの目的もあり、自分の自治体などでもコミュニティーバスを運行するなど、安易な考えによる導入も見られるようになった。

　コミュニティーバスを導入しただけでは、利用者が増えるわけでもない。損失を補助金で補填しなければならないため、導入するには十分な需要調査と利用者のニーズに見合ったサービスを提供するための戦略が必要である。他の自治体で上手くいったり、有効に機能しているからといって、それをそのまま真似をしても成功しないのがコミュニティーバスである。

1.2 「ムーバス」の誕生

(1) 東京都武蔵野市の特徴

東京都武蔵野市では、今日のコミュニティーバスの原点となった「ムーバス」が運行されている。「ムーバス」は、ミニバスを用いて、100円均一運賃で、市内の公共交通空白地域を巡回することが特徴である。

「ムーバス」の誕生は、市内に住む高齢の女性が、当時の市長であった土屋正忠氏宛に出した手紙がきっかけであった。高齢の女性は、「足腰が弱くなり、駅に行くにもバスがなくて行きづらい。自転車なんて怖くて乗れない。駅へ行くバスが欲しい」という内容の手紙であった。

武蔵野市は、多摩地区の東端に位置する人口が約143,000人の都市であり、吉祥寺駅は乗降客数が多く、駅前には繁華街がある賑わいのある土地である。人口密度は約13,000人と高密度に人口が密集しているが、市内には一方通行の細街路が多いという都市構造である。当時の武蔵野市では、五日市街道や吉祥寺通りなどの幹線道路にしかバスは運行されていなかった。

幹線道路から離れた地区の住民が駅に行くには、徒歩で15分以上掛けて行くか、幹線道路まで歩いてバスを利用するしか方法はなかった。また幹線道路に路線バスが運行されるということは、朝夕の時間帯に道路交通渋滞が発生することになり、バスの定時性が損なわれることになる。また渋滞を避けたい自動車は生活道路にまで入り込んでくるため、交通事故が発生する。そのため足腰が弱くなった高齢者だけでなく、子供を持つ家庭も含め市民にとれば住みづらい地域ではあった。

武蔵野市がそのような都市構造であるということは、若人などの健常者は自転車で駅へ向かうことになる。そうなると、当然の事ながら違法駐輪が問題となる。事実、吉祥寺駅周辺は違法駐輪が非常に多い地域であった。武蔵野市では、違法駐輪を解消するため、自転車の撤去などに莫大な費用を投じており、市の財政を圧迫していた。

武蔵野市は、細街路にマイクロバスを用いた路線バスを運行すれば、

高齢者が駅へ行く交通手段が確保されるだけでなく、生活道路に入り込む通り抜けの自動車が減らせることになるうえ、吉祥寺駅から1km以上離れた地域から自転車を利用して違法駐輪していた人も、バスへ移行すると考えた。

運行を開始する以前に武蔵野市は、停留所から200m以上離れた地域を「交通空白地域」に指定し、バスの便が1日当たり100本以下地域を「交通不便地域」に指定した。そしてこれらの地域を巡回し、従来の路線バスの乗り入れができない狭隘道路を主な経路とするようにした。

当時の武蔵野市内を走る既存の路線バスは、運賃の最低額が200円であった。武蔵野市は高齢者の外出の促進や違法駐輪の減少を兼ね、100円で利用ができるバスを計画した。

武蔵野市には路線バスを運行するだけのノウハウがないことから、「ムーバス」を運行するに際し、市内で路線バスを運行している小田急バス、西武バス、関東バスの3社に打診している。

このうち西武バスと小田急バスは、全くヤル気がなかった。関東バスは、「赤字分を武蔵野市側が全額補填してくれるのであれば、引き受けてもよい」と回答してきたことから、1号線となる吉祥寺東循環線の運行は関東バスに決まった。この路線は、運行距離が4.2kmあるが、これを25分で一周する。運行間隔は15分ヘッドである。

「ムーバス」の名称は、市民を移動・感動させる意味の"Move us"と、運行を管理する「ムさしの市のバス」を掛けた造語であり、市民公募により名称が決定した。そして車両は、定員29名の日野のリエッセという低床式車両を使用することで、高齢者が乗降しやすくした。さらに大人・子供同額の1人100円均一運賃を採用するなど、運行開始の目処が立った。100円均一運賃を採用しているため、東京都が発行するシルバーパスは使用することはできない。

こうなると、あとは当時の運輸省からの運行免許である[注1]。100円

(注1) 当時の路線バスは、「免許制」であった。

均一運賃では採算が合うわけもないと当時の運輸省は考えていたが、「市の公共事業であること」「武蔵野市が赤字分を、バス事業者に全額補填すること」などを考慮し、特例として路線開設の免許が下りた。そして1995年11月26日から、「ムーバス」の運行が開始された。この路線は、1号線の吉祥寺東循環である(**写真 1-1**)。

写真 1-1 「ムーバス」

(2) 「ムーバス」が経営的にも成功した要因

「ムーバス」が運行を開始した当初は、プロジェクト推進派の中からも、持続可能な安定供給に対する不安の声が多くあった。つまり100円均一運賃では赤字必至であり、いつまで100円均一運賃で運行が継続できるのか、不安であったと言える。

だが蓋を開けてみれば、運賃が100円均一なため、通勤でサラリーマンが利用するなど、利用者が予想以上に多かった。運賃が破格の100円均一のため、当初は赤字であったが、1998年3月8日に2号線となる吉祥寺北西循環線(**写真 1-2**)が開業したあとは、相乗効果でさらに利用者が増えた。

写真 1-2　吉祥寺駅北口バスロータリー

　その結果、低廉な 100 円均一運賃を採用しているにもかかわらず、2000 年には遂に黒字に転換したため、武蔵野市の関係者だけでなく、他の自治体関係者やバス事業者も大いに驚かせた[注2]。その後も「ムーバス」の利用者は増え続け、2016 年 12 月末の時点では、武蔵野市だけでなく、三鷹市や小金井市でも運行されており、合計で 7 路線もある（図 1-1）。

　「ムーバス」が黒字となった要因として以下のことが考えられる。

　① 　武蔵野市の人口密度が 13,000 人と高いこと
　② 　主に高齢者の外出促進という明確な目標を定めたこと
　③ 　主な利用者となる高齢者のニーズに合致したバスを運行したこと
　④ 　低廉な 100 円均一運賃の採用
　⑤ 　高齢者の乗降が楽な低床式車両の導入

（注2）黒字を計上したのは、収受した運賃の総額から関東バスへの支払いを引いたランニングコストの部分である。「ムーバス」を運行開始する際、武蔵野市はバス車両を購入しており、この部分の減価償却費などは考慮されていない。

「ムーバス」の成功は、他の自治体にも大きな影響を与えることになり、「コミュニティーバス」の存在は全国に広がった。他の自治体の住民も、「武蔵野市の『ムーバス』のような 100 円均一運賃で乗車できるコミュニティーバスが欲しい」という要望が相次ぎ、各地でコミュニティーバスが雨後の筍のように誕生することになった。

だが、そのほとんどは赤字であり、コミュニティーバスを導入すれば、利用者が増えてバス事業に活気が蘇ると思っている自治体やバス事業者もまだ多くある。

筆者は、「ムーバス」が経営面も含め成功したと考える要因の中でも、①〜③を重視している。①の人口密度 13,000 人は、東京周辺の場合は可能な面もあるが、地方都市へ行けばこのような高密度の地区はほとんどないため、武蔵野市は恵まれていたことは事実である。それでも②と③は、地方都市であっても、実施することが可能である。武蔵野市では、高齢者などにアンケートするだけでなく、カメラなどで高齢者の行動を観察し、ニーズに合致したバスを創る努力をしている。また高齢者が利用しやすいように、200m 間隔でバス停を設けている。200m という距離は、高齢者が抵抗なく歩ける距離である。

ところが武蔵野市の「ムーバス」を視察に来た他の自治体の関係者は、補助金と 100 円均一運賃、ミニバスありきでコミュニティーバスの運行を開始する。これでは赤字を垂れ流すことにつながるだけであり、コミュニティーバスを運行しても、空気を運ぶだけに終わってしまう。また「コミュニティーバスは循環しなければならない」と思い込んでいる自治体関係者も多い。武蔵野市の場合、一方通行の細街路が多いため、循環する形態を採用せざるを得なかった(**写真 1-3**)。自分の住んでいる地域を循環したいと思う人は少ないことから、本来ならば直線型になる方が望ましいと言える。

ムーバス

外に出る楽しさ＝地域の足として

ムーバスは、バス交通空白・不便地域を解消し、高齢者や小さな子ども連れの人などすべての人が、気軽に安全にまちにでられるようにすることを目的にしたバスです。
- 武蔵野市は、東京都の区部と多摩地区の境目に位置し、人口142,138人、面積10.73㎢、人口密度13,247人/㎢（H27.1.1現在）の人口過密都市です。
- 本市では、バス停から300m以遠の地域をバス交通空白地域、バス停から300m以内ではあるが、バスの便数が少ない地域をバス交通不便地域としました。ムーバスはこれらの地域を運行しています。

●吉祥寺北西循環の27番バス停

●武蔵野赤十字病院（境南東西循環）

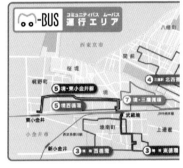

図1-1　「ムーバス」の路線図（出典：武蔵野市資料より）

1. コミュニティーバスとは　15

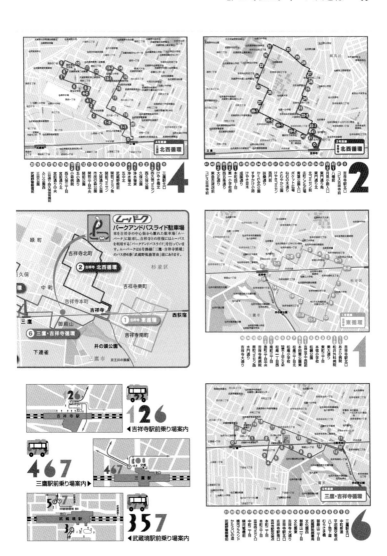

写真1-3 武蔵野市の細街路

ところで「ムーバス」は、武蔵野市が「高齢者の外出促進」「公共交通空白地域の解消」を目的として、武蔵野市の福祉事業的な目的で運行を開始したが、今では三鷹市や小金井市でも運行されている。三鷹市や小金井市も、武蔵野市と同様に人口密度が高く、公共交通空白地域が多く存在していた。

だが武蔵野市民からすれば、「何故、自分たちの税金を使用して他所の自治体の住民にサービスするのか」となってしまうが、これは、武蔵野市が三鷹市や小金井市と協定を結んで「共同運行」という形態で「ムーバス」を運行しており、「ムーバス」の運行に要する費用などは各市で分担しているため、武蔵野市民からは不満は出ていない。

小金井市で「ムーバス」を運行する場合、小金井市の住民から「ムーバス」の運行に関する要望が出たこともあり、武蔵野市と小金井市の両市長の合意を経て、両市の市議会で審査をして承認され、2005年から運行している。

三鷹市の場合は、市民団体から両市の市長宛に要望があり、市議会に陳情された。その後の流れなどは小金井市と同様であり、2007年から運行を開始している。

「ムーバス」が運行を開始した後、バス事業者の意識は変化した。関東バスは、1号線の吉祥寺東循環以外に2号線の吉祥寺北西循環、4号線の三鷹駅北西循環、6号線の三鷹・吉祥寺循環の運行を担当している。また小田急バスは、武蔵境駅発着の「ムーバス」の3号線となる境南西循環・東循環や5号線の境西循環、7号線の境・三鷹循環以外に、三鷹市の「みたかシティバス」の運行を担うようになった。さらに西武バスも、西東京市の「はなバス」、小平市「にじバス」、東大和市「ちょこバス」などのコミュニティーバスの運行を引き受けるようになった。

コミュニティーバスは、100円均一などの低廉な運賃しか徴収できないが、人口密度が高い地域では、堅実な需要が期待できるうえ、赤字が生じる場合であっても、各自治体から損失補填が行われたりするため、バス事業者にとれば安定した収入源であると言える。

2. 地方都市のコミュニティーバス

2.1 「草津・栗東・守山くるっとバス」

(1) 日本初の草津市と栗東市の共同運行

滋賀県草津市は、滋賀県南西部に位置する人口約14万人（2016年2月1日の時点）の地方都市であり、人口密度は2,050人である。栗東市は、草津市の東隣に隣接する人口約67,000人（2016年2月1日の時点）の市であり、人口密度は1,270人である。

両市は、大阪や京都のベッドタウンとして人口は増加傾向にあったが、草津市で都市化している部分は、JR草津駅周辺とJR南草津駅の周辺に限られる。

一方の栗東市は、JR草津線の手原駅周辺に市役所や平和堂などのスーパーがあり、名神高速道路のIC付近に工場や倉庫などが多く、それ以外は山林が占めている。2010年の国勢調査と、前回の2005年の調査を見て人口の増減を比較すると、6.32％増加していた。2010年の国勢調査による栗東市の人口が63,652人であり、増減率は滋賀県下19市町中で3位だった。

また同調査によると、年少人口の比率は19.5％と全国で8番目に高く、高齢化率は14.6％と全国で14番目に低かったことから、若人は自家用車を利用する傾向にある。

山林が多い金勝地域では、人口密度が低いために路線バスが成立しない環境にあり、第6章で紹介する「くりちゃんタクシー」というデマンド型の公共交通で対応している。

これらの都市は、路線バスを運営するには難しい地域であり、草津市・栗東市共に市内に国道1号線が通っており、渋滞に遭遇することがある。少し郊外に行けば、草津市は水田地帯が、栗東市は山林が広がる。つまり、都市型の問題点と過疎地型の双方の問題点を持つこと

になる。

　2002年2月の道路交通法の改正による規制緩和の実施により、不採算路線からのバス事業者の撤退が始まる。国土交通省が定める法律では、半年前までの「届け出」となっているが、滋賀県では国土交通省よりも厳しい1年前までの「届け出」としている。

　バス事業者の撤退により、栗東市では市内に公共交通空白地域が生じたことから、「くりちゃんバス」というコミュニティーバスを運行していた。草津市では、規制緩和が実施される以前から路線バスの運行がない地域があり、公共交通空白地域を解消するため「まめバス」というコミュニティーバスを運行していた。そして2013年10月1日から、それらの一部を統合して2つの自治体間を行き来する「草津・栗東くるっとバス」の運行を開始した（**写真2-1**、**写真2-2**）。2つの自治体が運行していたコミュニティーバスが、市境を越えて統合されるのは全国初である。

　草津市や栗東市が、それぞれ独自にコミュニティーバスを運行していたのではコスト高となる。草津市は、済生会病院のある栗東市へ乗り入れられる利点がある。栗東市は、新快速が停車する草津駅に乗り入れたい。そこで「くりちゃんバス」の大宝循環線と宅屋線を共同運行すれば、運行コストが低減されるだけでなく、本数も増えるなど活性化につながればと期待する。

写真2-1　草津市「まめバス」（ミニバスとワゴン車）

2. 地方都市のコミュニティーバス

写真 2-2 「草津・栗東くるっとバス」(黄色のミニバス)

「草津・栗東くるっとバス」は、図 2-1 で示すように 2 路線ある。両路線ともに JR 草津駅が起点であるが、1 つ目の宅屋線は、栗東市の済生会滋賀県病院に至るルートであり、もう 1 つの大宝循環線は草津市東部、栗東西部を経由し、JR 栗東駅に至るルートである。運賃は大人均一で 200 円、子供は均一 100 円であるが、既存の「くりちゃんバス」や「まめバス」、帝産バスや近江鉄道の路線バスに乗り継ぐ際は、「くりちゃんバス」の運賃が半額になる。また身体障害者手帳、療育手帳、精神障害者保健福祉手帳を所有している人も、証明書を提示すれば運賃は半額になる。現在の日本では、精神障害者割引が実施されない鉄道や路線バスが大半であり、京都市のような政令指定都市であっても、京都市営地下鉄を利用する際も精神障害者割引は実施されない。それゆえ、草津市や栗東市の意識は進んでいると言える。

運行は、両路線ともに 1 日に 5 往復設定されているが、運賃収入だけで運行経費を賄うことはできないため、半分は国の補助金で賄われ、残りは路線の距離に応じて草津、栗東両市が負担する。草津市と栗東市の負担割合は、距離の按分で算出している。

今回統合されて誕生した「草津・栗東くるっとバス」の済生会滋賀県病院へ至る宅屋線は、「くりちゃんバス」として JR 草津駅を起点に運行されていたが、赤字削減のため 2011 年 10 月に栗東市内の路線に縮小した結果、さらなる利用者減を招いていた。

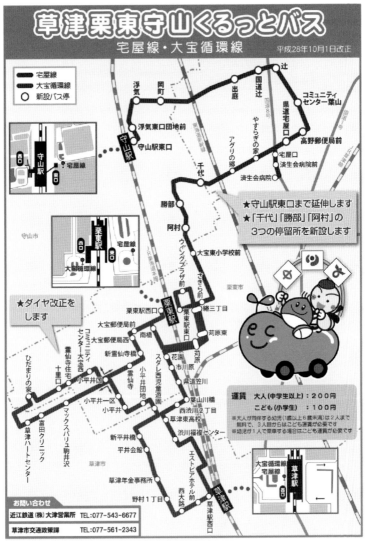

図 2-1 「草津・栗東・守山くるっとバス」路線図(出典:草津市ホームページより)

草津市交通政策課へヒアリング調査したところ、「済生会滋賀県病院は草津市民も多く利用しているので、草津市民への利便性が向上する」と考えている。一方の栗東市では、土木交通課が担当しており、そこへヒアリング調査をしたところ、「新快速が停車するJR草津駅に発着すれば利便性が向上し、利用者が増える」と考えており、互いに利点があることになる。

結果的に、草津市・栗東市が共同運行する「草津・栗東くるっとバス」の利用者は、表2-1で示すように、順調に伸びている。これは済生会滋賀県病院を利用する草津市民と、新快速が止まるJR草津駅を使う栗東市民の双方のニーズに合致したのが要因である。

表2-1 「草津・栗東くるっとバス」の乗車実績と収支率

年月日	宅屋線	収支率	大宝循環線	収支率
2014年10月	887	20.8	1,094	16.1
11月	839	20.2	1,048	17.3
12月	873	17.9	1,212	18.5
2015年1月	874	17.8	1,005	15.1
2月	852	17.7	1,022	16.8
3月	964	24.2	1,077	18.1
4月	858	19.5	1,243	19.9
5月	686	15.7	1,029	17.7
6月	888	18.6	1,149	16.4
7月	1,036	21.4	1,303	19.1
8月	1,036	22.5	1,246	18.8
9月	979	24.4	1,061	15.5
合計	10,772		13,489	

出典：草津市交通政策課提供資料を基に作成

表2-1から言えることであるが、1～2月、5月は利用者が落ち込む傾向にあるが、7～8月は利用者が増加している。これは、1月は年始や祭日などが多く、運転日が少ないことが影響していたり、2月は28

日までしかないうえ、運転日が少なくなることもあるが、滋賀県の草津市や栗東市では、寒くなると家族が自家用車で病院などへ送迎することも影響している。

同じ滋賀県内でも、滋賀県北部で運転される「こはくちょうバス」などは、冬場になると利用者が増加する。これは雪で道路が凍結したりするため、雪道の運転が苦手なドライバーだけでなく、平素は自転車で通学している高校生などがバスを利用するためである。その結果、1～2月期は利用者が多くなり、「草津・栗東くるっとバス」とは、反対の結果が出ている。

5月も、GWなどがあるため、運転日数が少なくなり、利用者数は少なくなる。反対に7～8月になると利用者が多いのは、この時期は暑いために、短距離であってもバスを利用することが影響している。

筆者自身も、利用者数の増加は、両市が連携して利用者の利便性を向上させるため、コミュニティーバスの共同運行を開始した結果だと考えている。「草津・栗東くるっとバス」は、2016年10月3日からは、守山市へも乗り入れるようになり、「草津・栗東・守山くるっとバス」と名称を変更した。そして宅屋線は、**図 2-1** で示したように、JR守山駅の東口まで乗り入れるようになった。

今後は、日本各地で異なる市町村同士の連携が増加すると、筆者は考える。

(2) 今後の課題

「草津・栗東くるっとバス」の運行は開始されたが、**表 2-1** で見たように、時期にもよるが、収益率は15～25％弱であり、決して良いとは言えない。

武蔵野市の「ムーバス」のように、人口密集地で人口密度が13,000人を超えるうえ、かつ駅前に商業施設などが多い地区であれば、100円均一運賃であっても、通勤・通学にも「ムーバス」を利用してもらえるため、黒字経営が可能となる。

だが草津市や栗東市は、中心駅であるJR草津駅から1km程度離れると水田が広がる地域である。守山市も、中心となるJR守山駅から1km程度離れれば、草津市・栗東市と同様である。滋賀県は近畿地方の中でも自家用車の保有率が高く、人口100人当たり55.19台所有していることになるが、農村になれば6人家族であっても、1家に自家用車が8台もある家も珍しくない。そうなると路線バスの利用者は、どうしても高齢者に限られてしまう。

 草津市や栗東市、守山市も、低床式のミニバスなど導入できないが、「くりちゃんバス」の治田循環線と葉山循環線が、経費削減のために2016年10月からはワゴン車に置き換わった(**写真2-3**)。「ムーバス」の成功を視察に来た自治体関係者は、「100円運賃」「低床式のミニバス」「補助金」ありきでコミュニティーバスの運行を開始しているが、コミュニティーバスの多くが空気を運ぶなど、運行を維持するだけで大変な状態に置かれている。

写真2-3 「くりちゃんバス」：治田循環と葉山循環(ワゴン車とバス車両)

 「草津・栗東・守山くるっとバス」をはじめ、草津市や栗東市、守山市のコミュニティーバスは、収益率を少しでも高めるため、減価償却の終わった旧型のバスを導入せざるを得ない。そして100円均一運賃では、利用者は今よりは幾分、増えるかもしれないが、収益率は悪くなるため、200円均一運賃にせざるを得ない。

補助金で損失を補填しなければならないが、草津市・栗東市・守山市の財政事情も決して裕福ではない。そうなれば、コミュニティーバスの沿線にあるスーパーマーケットや病院・医院に協賛金を出資してもらい、損失を補填したり、一部の有志の方に応援券を購入してもらって、損失を補填する必要がある。

　事実、協賛金を得る方法に関しては、第3章で紹介する京都市の醍醐地区で運転されている「醍醐コミュニティーバス」や、三重県四日市市で運転される「生活バスよっかいち」で実施されている。京都市の醍醐地区では、平和堂という大きなスーパーマーケットや病院がある。四日市市でも、スーパーサンシ大矢地店だけでなく、医院や喫茶店なども協賛金を出資して、「生活バスよっかいち」を支えている。

　路線バスではないが、富山ライトレールは電停に沿線企業の広告を募ることで、運賃とは別の収入を得ている。

　従来のように、運賃収入に依存したり、補助金に依存するのではなく、協賛金や宣伝広告、応援券などにより、持続可能な公共交通サービスを維持する方法を模索する時代になったと言える。

　かつて、「草津・栗東・守山くるっとバス」の宅屋線は、バス停間の距離が長い区間があった。**図2-1**で言えば大宝東小学校前〜アグリの里間であり、「草津・栗東・守山くるっとバス」となってからは、途中に「阿村」、「勝部」、「千代」という3つのバス停が新設され、便利性が向上した。

　表2-1で見たように、宅屋線の収支率は2割程度であり、バスにゆとりがある。コンビニの前にバス停を設置することが難しい場合であっても、その近くにバス停を設けることで、利用者の増加が期待でき、宅屋線の収益率は向上すると考える。

　「空気を運ばないバス」にするため、利用する意思のある人に対して、利用可能な状態を提供してあげることも課題である。

2.2 京丹後市営バス

(1) 京丹後市の誕生

　京丹後市営バスは、市町村合併により、旧弥栄町営バスと旧久美浜町営バスを統合する形で誕生した。

　京丹後市に合併される前の旧弥栄町(やさかちょう)では、弥栄町営バスが運行されており、旧久美浜町では久美浜町営バスが運行されていた。2004年4月1日に、京都府中郡峰山町、大宮町、竹野郡網野町、丹後町、弥栄町、熊野郡久美浜町の6町が合併して京丹後市が誕生した。合併後は、弥栄町営バスや久美浜町営バスは、京丹後市が一元的に運行することになり、図2-2で示すように京丹後市営バスとしてコミュニティーバスを運行することになった。

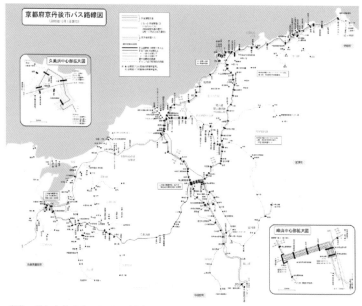

出典:せわたりのホームページより

図2-2 京丹後地区のコミュニティーバス路線図(その1:京丹後市全体)

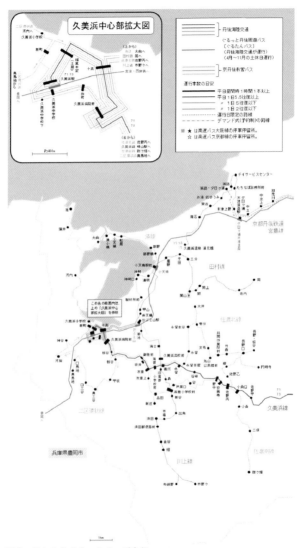

出典:せわたりのホームページより

図 2-2 京丹後地区のコミュニティーバス路線図(その 2:久美浜地区)

2. 地方都市のコミュニティーバス　29

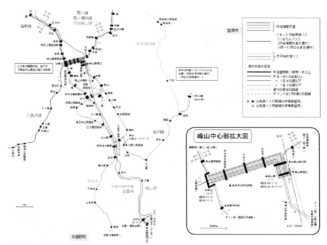

出典：せわたりのホームページより

図 2-2　京丹後地区のコミュニティーバス路線図（その 3：峰山地区）

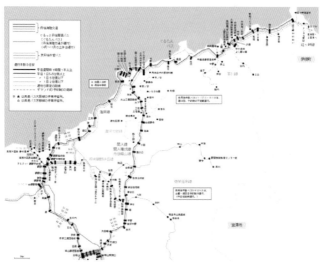

出典：せわたりのホームページより

図 2-2　京丹後地区のコミュニティーバス路線図（その 4：網野地区）

だが丹後半島に位置する京丹後市では、路線バスの利用者が減少する中で、事業者への路線を維持するための欠損補助額は増加傾向にあり、年間 8,500 万円になっていた。このような状況下で 2004 年に京丹後市が誕生すると、中山新市長は行政改革を進めることになる。その中で当時の中山市長は、水道などの他の分野と比較すると、路線バスの欠損補助額が突出しており、これを問題視した。

赤字額が多ければ、減便などのサービスの縮小で対応するのが普通であるが、中山市長の考えは違っていた。市長は、「同じ補助をするなら、乗っていただけるバスに補助しよう」という考え方であった。

既存の路線バスの再生のため、「上限 200 円バス」の取組みを開始するに当たり、2005 年 12 月に「京丹後市地域交通会議」を設立し、会長には中山市長が就任している。その 1 カ月前の 11 月には、「分かりやすく、使いやすい公共交通ネットワークを実現会議」が設立されている。

表 2-2　最高運賃と需要予測の推計

低額実証運行希望路線の試算	乗車人員	財政支出額（百万円）	2005 年の実績額 4,500 万円（従来の負担）との比較(%)
300 円バス	1 倍	59	131.1
	1.25 倍	53	117.8
	1.5 倍	47	104.4
	2.0 倍	36	80.0
200 円バス	1 倍	62	137.8
	1.25 倍	58	128.9
	1.5 倍	53	117.9
	1.9 倍	45	100.0
	2.0 倍	43	95.6

出典：京丹後市企画総務部企画政策課公共交通係「路線バスを活用して上限運賃を導入し、乗客を 2 倍に増加」
http://www.mlit.go.jp/seisakutokatsu/soukou/chiebukuro/PDF/jirei_kyotango.pdf#search='%E4%BA%AC%E4%B8%B9%E5%BE%8C%E5%B8%82%E5%96%B6%E3%83%90%E3%82%B9'を基に作成

運賃を決めるに当たり2005年12月に、バスを利用することになる高校生や高齢者に対象を絞り、アンケート調査を実施している。その際、安易に低運賃を要望されないようにするため、市の財政状況を説明したうえで選択するようにしている。そしてコミュニティーバスではなく、路線バスの再生を目指すことにした。

　アンケート調査の結果であるが、有効回答数は4,874名であった。200円が最も多く、1,293名であり、全体の33％を占めた。次が300円であり、1,024名が回答している。京丹後市では、2005年度の実績と比較して、同じ財政負担でありながら、利用者数を2倍にすることを目標に掲げて検証を行った(**表2-2**)。

　その結果、京丹後市の市営バスの運賃は、最低額が80円であり、最高額が200円となる。運賃は10円単位で上がっていくが、小学生や障害者、その介助者は半額となり、小学生未満は無料である。上限運賃を200円に設定すれば、割安感が出て利用しやすくなる。利用者が増えれば、「バスの運行に対する補助」ではなく、「運賃に対する補助」となり、空気を運ばない路線バスになるため、補助金を投入することに対する市民の理解が得やすくなる。

　利便性を向上させるため、回数券は2種類が用意されている。1つは、20枚綴りで3,000円の一般回数券と、20枚綴りで2,000円の中高生回数券とがある。

　運行形態は、佐濃南線(さのみなみせん)は丹後地区で路線バスや船舶、索道を運営している丹後海陸交通に運行を委託しているが、それ以外の路線は、道路運送法78条による有償運送である。道路運送法78条は、一般の路線バスの運行が難しい地域で、白ナンバーの自家用車を用いて行われるバス運行方式である。

(2) スクールバス混乗方式の採用

　湊線(**写真2-4**)、田村線(**写真2-5**)、佐濃南線(**写真2-6**)は、久美浜地区の地域住民の足を確保するため、スクールバスを有償で利用可能とするスクールバス混乗方式を採用している。これは旧久美浜町時代

から実施しており、旭から久美浜へ向かう湊線、岡からの田村線、尉ヶ畑からの佐濃南線で実施されている。湊線、田村線は、市が所有するスクールバスを用いて運行しているが、佐濃南線は廃止代替バス時代も含めて丹海バスの路線であったことから、丹海バスに運行を委託している。

写真2-4　湊線「ひまわり号」

写真2-5　田村線「ふるーつ号」

2. 地方都市のコミュニティーバス　33

写真 2-6　佐濃南線「あじさい号」

　久美浜地区で運行される路線バスには、すべて旧久美浜町時代から名称が付いている。これは最初に実施した川上線と佐濃北線の車両に、「かわせみ」や「やまばと」の絵を描き、少しでも親しんでもらいたいと思って始めたことに由来する(**写真 2-7**)。他の路線に関しては、湊線が「ひまわり号」、田村線が「ふる一つ号」、佐濃南線が「あじさい号」、スクールバス混乗ではないが二区循環線が「ほたる号」である。

写真 2-7　佐濃北線「やまばと号」

二区循環線を除き、久美浜駅へ向かう往路が3本であり、久美浜駅から戻る復路が4本運転される。往路は、通学や通院に合わせて設定されているため、午前中の運転であるのに対し、復路は通院帰りや下校およびクラブ活動を終えた生徒が帰宅することに配慮したダイヤになっている。

筆者が訪問した2016年4月25日は月曜日であったが、久美浜中学校は休校であった。しかし、15:00過ぎに久美浜駅を出る湊線と田村線のバスには、クラブ活動を終えた中学生が乗車していた。そして田村線の場合、終点の岡バス停に到着すると、**写真2-8**で示すような小型の乗用車で、路線バスが乗り入れることができない地域に住む生徒の自宅まで送迎を行う。佐濃南線は、高龍(こうりゅう)小学校の生徒の送迎などを行っている。

写真 2-8　田村線の小型乗用車

ただし湊線、田村線、佐濃南線、佐濃北線では、冬季の期間で復路のダイヤが変更になる。これは冬場は日が暮れることが早いなどで、下校時間が変わることが要因である。

スクールバスを用いた一般利用者との混乗を実施するには、スクールバス運行管理規程をクリアしなければならない。規程では、スクールバスの使用は幼稚園、小学校、中学校に通学する児童生徒などの輸

送のみに限る、とある。ただし次に、スクールバスの使用に教育委員会が支障がないと認めた場合には、学習活動の実施のための児童などの送迎、その他教育委員会が必要と認めた児童生徒に関する業務、という項目がある。

京丹後市には、公共交通の空白地域が数多くあり、交通事業者の路線バスだけでなく、スクールバスも含めて、路線を決めても1カ所に空白が生じていたりする。それゆえ京丹後市では、スクールバスの基本は生徒の送迎であるが、路線バスの統廃合が進んでおり、地域住民の日常生活の足を守るため、混合乗車も検討せざるを得ない状況にある。それでも対応が困難な地域は、デマンド型の乗合タクシーで対応しようとしている。

(3) デマンド型乗合タクシー

京丹後市では、市営バスでは対応できない地域や、よりきめ細かい市民サービスを目指し、2015年10月1日から電気自動車(EV)を活用したデマンド型の乗合タクシーを導入した。乗合タクシーとなっているが、少量の貨物と買い物代行なども行う、新たな「乗合デマンド型」の輸送サービスである(**写真 2-9**)。

写真 2-9 デマンド型乗合タクシー

京丹後市がデマンド型の乗合タクシーの運行を始めようとした経緯は、近畿運輸局に対し「一般乗合旅客自動車運送事業者(路線バス事業者)及び一般乗用旅客自動車運送事業者(タクシー事業者)が存在しない交通空白地域内において、タクシー事業で認められている『タクシー救援事業』のような役務提供行為を行うことができないか」という旨の相談が、近畿運輸局に対してあったことから始まる。

　国土交通省が、「少量の貨物の運送」について通達を出しているが、以下の条件を満たす場合に対し、「貨客混載」を認めるとした。

① 貨物の大きさや数量で乗車スペースが損なわれない範囲までの物量
② トラック事業の妨げとならないもの
③ 路線不定期運行、区域運行の営業区域内で、旅客の乗車中にとどまらず、運行予約のない場合でも、配車予定時刻に遅れるなどの旅客利便が阻害されない範囲

また乗合タクシー事業による買い物支援業務についても、「路線バス事業者、タクシー事業者が存在しない交通空白地域内」で、タクシーが行う救援事業と同程度の水準・範囲であれば、条件付きで「買い物支援などの役務提供は問題ない」との判断を示した。

　近畿運輸局の考えは、一般乗合旅客自動車運送事業においては、救援事業の考え方はないが、高齢者などの交通弱者が多く居住する過疎地域などでは、多様なサービス提供が求められている現状を鑑み、以下のような理由から問題がないと判断した。

① 道路運送法に基づく通達において、「タクシー救援事業」が存在していること。
② 乗合タクシー事業の内容は、運行の態様および使用する車両等から、タクシー事業に類似していること。

　京丹後市が考える乗合タクシーは、上で掲げる条件をすべて満たしており、「タクシー救援事業」と同程度の範囲において、買い物支援等の役務提供については問題ないと判断した。

　京丹後市がEVの使用を決めたのは、地球環境に良いこともあるが、

市内で充電施設の整備を進めており、EV であればこれらの施設を使用できることも影響している。京丹後市からの要望を受けた国土交通省は、通達を出して 2 台の EV 導入だけでなく、充電施設の導入を支援した。こうした通達に基づく取組みは全国初であり、EV の充電は主に久美浜駅や網野駅に隣接する駐車場などで実施している。タクシーの運行は、丹後海陸交通が実施する。

2015 年 10 月 1 日から、こうした通達に基づいて EV 乗合タクシーによる旅客輸送サービスと「貨物＋人的サービスの新たな輸送サービス」が開始した。旅客輸送サービスは年中無休で実施されるが、利用するには事前に丹後海陸交通へ電話などで予約しなければならない。運行時間は、AM 8:30〜PM 5:30 である。

運賃は、網野町と久美浜町は 1 人 1 回 500 円であるが、網野町・久美浜町を越えた利用になる場合には、区域外運賃としてさらに 250 円が必要になる。筆者は豊岡市までの乗車を希望したが、この場合であっても豊岡駅や豊岡市の中心部にある病院に関しては、県まで変わるが、250 円をプラスすれば利用可能である。

EV タクシーの運転手さんに聞いた話では、1 日当たり 3 名程度の申し込みがあるが、多い時は 10 名程度になることもあるという。その場合、満足に休憩も取れないらしい。

貨物＋人的サービスの新たな輸送サービスも年中無休であり、こちらも電話などによる事前の予約が必要である。こちらの運行時間も、AM 8:30〜PM 5:30 である。運賃は 15 分ごとに 400 円であり、京丹後市は買い物代行、見守り代行、図書館代行、病院予約代行、小荷物輸送サービスの 5 つのメニューから選べるようにした。だが京丹後市にヒアリングしたところ、買い物代行や久美浜にある病院の予約券を受け取る代行などが主で、2015 年 10 月 1 日の運行開始から半年程度経過しているが、小荷物の輸送サービス[注1]などは、ほとんどないという。

(注 1) 小荷物輸送サービスとは、乗客の忘れ物・農作物(道の駅での販売品)・衣類などの小荷物や少量貨物の輸送を代行するサービスである。

(4) 地域に与えた効果と今後の課題

　実施前の 2005 年度は年間で 15 万人であった利用者が、2 年目には 30 万人を突破したため、利用者は 2 倍以上に増加している。京丹後市が市営バスの運行を開始したことにより、高校生や高校生を持つ親にとれば、通える高校が増えるという利点があった。市営バスが運行されるまでは、定期代で年間 26 万円を超えるなど、経済的な理由から通える高校が限られていた。年間の定期代が 26 万円ということは、1 カ月当たり 21,670 円程度の金額になる。路線バスが廃止され、高校生の通学手段を確保するため、高校が貸切バス事業者にスクールバスの運行を委託したりした場合、1 カ月当たりの定期代は 2 万円を超えてしまう。

　それが市営バスの誕生により、年間の定期代が 6 万円にまで下がったことで、高校生がバスで通学ができるようになっただけでなく、自分が行きたい高校へ進学することが可能となった。また親にとっても、金銭面だけでなく、自家用車で送迎する負担から解放され、精神的・肉体的な負担も軽減された。

　さらに親による自家用車の送迎が減少したため、朝夕の時間帯に道路交通渋滞が緩和されたという。詳しい数字は出ていないが、交通事故も減少している可能性が高い。

　京丹後市は、実証運行が開始してから 1 年後に高校生へアンケート調査を実施している。668 人が回答しているが、その中の 294 人が新たにバスの利用者となっている。そして 294 名のうち 71 人が毎日利用している。その翌年の調査では、さらに 31 名が加わり、102 名が毎日利用していた。

　今後は、公共交通の活性化を模索や評価するうえで、損益だけで価値を判断するのではなく、「便益」も加味して考えなければならない。過疎地などでは、運賃収入で収支均衡を図ることは極めて困難であり、教育・福祉、街づくりの面で「便益」があればよい。

　従来のように 700 円の運賃で 2 人が乗車するのではなく、200 円の運賃で 7 人が乗車する、と発想を転換するのである。多くの市民が利

用するということは、街で買い物や飲食をするため、消費が刺激されて地域経済が活性化する。また高齢者が外出することで、寝たきりになる高齢者が少なくなり、住民の福祉が増進される。

京丹後市では、「かきくけこ」として以下のような公共交通施策を掲げている。

か）観光・環境保全・過疎対策
き）協働体制の確立・客観的評価主義の確立（損益だけで、公共交通の価値を判断しない）
く）車社会からの脱却
け）経済基盤整備・健康増進対策
こ）高齢者福祉・子育て支援・交通安全対策・交流人口の増加対策・国際化（外国人観光客の誘客）

また「実証運行」という位置づけは、地域住民の方々に、「利用しないとバスは廃止される可能性もある」という危機意識を常に高く持ってもらいたく、掲げ続けたいとしている。

今後の課題として、昼間の中でも 11:00 台や 12:00 台は、病院から帰宅する高齢者が中心となるため、利用状態が芳しくない。京丹後市では、買い物に出掛ける高齢者を増やしたいと考えている。人口が減少する社会では、交流人口を拡大しないと公共交通は維持できない。そのためにも、公共交通が魅力ある商品となるよう、まずは地域意識の醸成が必要である。公共交通が優良な観光資源となるための投資は、行政も行う。

京丹後市では、交流を促進することで地域経済に与える効果は、公共交通の維持費用よりはるかに大きいと考えている。地域資源を生かすには、鉄道や観光などと連携し、マーケットも全世界に広げていくことを目指している。

丹後地域全体の活性化を目指すという観点で考えれば、鉄道とバス、タクシーという異なるモード間で客を奪い合うという発想から脱却できる。

京丹後市は、本格的な高齢化社会の到来に当たり、公共交通のさら

なる利便性向上策が必要であると認識していたが、2016年4月24日の市長選挙では、現職であった保守系の中山市長が落選し、革新系の市長が誕生することになった。

　三崎政直新市長は、「福祉を充実させたい」と政権公約で掲げていた。「福祉の充実」と言っても範囲が広く、筆者は過疎地の地域住民の日常生活の足を確保することも福祉と考えているが、2017年4月1日より、弥栄延利線を1区間だけ延長している。

2.3　奈良県十津川村の奈良交通委託の村営バス

（1）　スクールバスから自家用自動車有償運行へ

　十津川村は、図 2-3 で示すように奈良県の南部に位置するが、東西33.4km、南北32.8kmであるから、面積は672.35km^{2}にも及ぶ広い村である。"関西の水がめ"と言われる琵琶湖の面積が670.25km^{2}であるから、十津川村は琵琶湖に匹敵するぐらいの面積を誇っている。

図 2-3　奈良県十津川村の位置（出典：Googleマップを基に作成）

2. 地方都市のコミュニティーバス 41

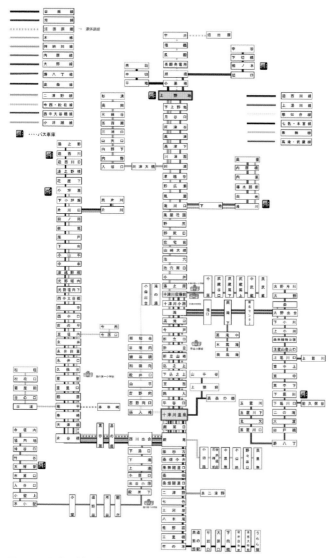

図 2-4　十津川村の村営バスの路線図(出典：十津川村ホームページより)

だが鉄道は通っておらず、図2-4で示すように公共交通の中心は路線バスである。路線バスの中でも、大和八木駅〜本宮経由の新宮駅を結ぶ八木新宮線(写真2-10)は幹線であり、奈良交通が直営で運行しており、1日当たり3往復設定されている。日本一長い生活路線であり、路線長は166.9kmに及ぶ。五条バスセンターと十津川温泉を結ぶ十津川線(写真2-11)も、1日当たり3往復設定されているが、こちらの路線長は77.9kmであるから、八木新宮線の半分以下である。そして幹線に接続する支線は十津川村営であるが、こちらの運行は奈良交通に委託されている。

　十津川村が村営で路線バスを運行したきっかけは、1963年の公立学校の統廃合である。1960年頃は、十津川の流域でダム工事の最盛期を迎え、十津川村の人口は約16,000人であった。しかし、2016年6月末の時点の十津川村の人口は、3,500人弱と1960年頃の1/5にまで人口が減少してしまっている。当時は十津川村内に小学校が30校、中学校が13校も存在していたが、ダム工事が終わると児童・生徒が減少してしまった。その結果、小学校を9校に、中学校を4校に統合することになったのである。

写真2-10　八木新宮線

2. 地方都市のコミュニティーバス

写真 2-11　78条のバス（ワゴン車で運行されることもある）

　現在であれば、自家用車による家族送迎などが実施されたりするが、1963年当時は、まだ自家用車を保有している家庭は少なかった。また十津川村は海抜高度が高いことから、冬場は寒くて積雪があったり、道路も凍結する。それゆえ親が自家用車で送迎することは、難しい環境にある。

　十津川村の中心部は、村役場や十津川温泉付近にあるから、公立学校も中心部に存在する。そこで通学を容易にするため、村内各地の集落と十津川村の中心部を結ぶ支線として、スクールバス9路線の運行を開始した。

　その後、通院や買い物、用務で利用する住民などから、「私たちも利用したい」との要望が増えたため、1975年11月に当時の文部省・陸運局の許可を得て、自家用自動車による村営バスとして、有償運行を開始した。

　村営でバスを運行するとなれば、車両を用意するだけではバスは走らない。まず運転手を確保しなければならない。自家用自動車でバスを運行するとなれば白ナンバーとなり、現在では道路運送法第78条が適用される（**写真2-12**）。78条のバスは、運転手をボランティアなどに

依存していることも多く、安定して運転手を確保することが課題となっている。またバスを運行していると、車両故障が生じることもあるが、その際の代替車両の手配なども含め、運行管理が必要となる。さらには、交通事故が発生したりもする。そうなると、事故時の対応や車両の検査・点検などの安全管理も必要である。

写真 2-12　78 条のバス

　だが十津川村では、村の職員がバスを運転していたため、特に安全管理面では不安要素があった。十津川村のように規模の大きな村では、村独自で運行を継続するには、相当数の職員を必要とし、対応できない数多くの問題を抱えていた。

　そうなるとバスの運行は、「奈良県内で安定した輸送実績がある奈良交通へ運行を委託した方がよいのではない」か、という考えが大勢を占めるようになった。奈良交通であれば、戦前からバスを運行しているだけでなく、奈良県内の路線バス市場をほぼ独占している。

　奈良交通とは 2 年間協議を行い、1980 年 10 月に村営バスの運行を委託した。その際、幹線は奈良交通が直営で運行し、支線は奈良交通の路線を十津川村の村営に一元化したうえ、奈良交通に運行を委託することになった。委託を受ける奈良交通は、十津川村内の支線である

から需要も少ないことを考慮し、奈良交通では初めてマイクロバスを導入した。

そのため運転は奈良交通の運転士が担当するが、十津川村出身者・定住者を極力雇用することとしている。

(2) 奈良交通への委託

奈良交通が運行委託を受けて運行する十津川村の村営バスは、2016年6月末の時点では、全部で18路線ある。各路線の1日当たりの平均運行本数は3往復であるが、二津野線、高森の郷線、果無線、高滝・武蔵線の4路線は曜日運行であり、ある特定の曜日しか運行されないが、運行されるときは1日当たり2往復である。

これらの路線は、2010年3月に公共交通空白地域解消を目的に立ち上げた「野迫川村・十津川村地域公共交通活性化協議会」が主導で誕生した。同時に、同年の12月まで住民にアンケート調査という形で、村営バスの乗降調査を実施した。そして「野迫川村・十津川村地域公共交通活性化協議会」が主導する形で、2011年3月に果無線の新設と、那知合線の延伸が実施された。さらに2011年10月には、高滝・武蔵線が新設されたことで、公共交通空白地域が解消された。これらの路線の開設には、地域公共交通活性化・再生総合事業費補助が活用された。

村営バスの特徴として、マイクロバスを用いて運行する以外に、幹線以外の区間はフリー乗降となっており、乗車客が希望する場所で乗降が可能となっている。それゆえ高齢者などにとれば、自宅の前で乗降が可能であり、便利であると言える。

村営バスの運行は奈良交通に委託されているため、バスの運転は奈良交通の運転士が担当するが、十津川村出身者や定住者を極力雇用している。これは十津川村出身者や在住者であれば、村内の地理に詳しいだけでなく、住民とも顔見知りであることも多い。そうなると、フリー乗降制度にスムーズに対応できるからである。事実、筆者が十津川温泉〜瀞峡方面への路線に乗車した2016年6月29日は、中学校が

試験期間であったため、十津川村役場 13:10 のバスに中学生が乗車していた。幸い、運転手さんとは顔見知りのため、当日はワゴン車を使用していたこともあり、降車ボタンはなかったが、円滑に対応していた。

乗務員には、奈良交通の職員の身分を与えている。そのため雇用の確保にも貢献しており、乗務員が 21 名、運行助役が 3 名、整備助役が 1 名である。幹線バスと村営バスが重複して運行される十津川温泉〜十津川村役場間などの区間では、利便性を担保するため、定期券や各種割引乗車券は共通で利用できるようになっている。

その他として、村営バス全車に防災行政無線を取り付けているため、落石や土砂崩れが発生した場合においても、常に道路管理者に連絡可能な体制となっている。それゆえ道路の補修などは、早い時期に対応が可能となる。また国道 168 号線は、1 時間当たりの雨量が 25mm を超えるか、降り始めからの総雨量が 110mm を超えると、運行規制が掛かり、バスの運行が中止となるが、これも防災行政無線で連絡を取り合えるようになっている。

奈良交通に運行を委託したため、30 年間大きな事故がなく、小中学校の臨時バスなどに対して、配車がスムーズである。乗務員が村内出身者であるから、利用者とは顔見知りであることが多く、フリー乗降制度が有効に機能するなどの利点がある。

だがデメリットもある。乗務員の高齢化により人件費が増加しており、委託料が年々増加している。運行経費のうち、人件費の占める割合は約 85％となっている。他の公営バスの運行経費に占める人件費の割合が約 70％であり、民間バスでは、分社化などを行うことで、運行経費に占める人件費の割合を約 55％まで下げるようにしている事業者が多いため、今後の課題であると言える。

事実、十津川村役場へヒアリング調査したところ、収支率は約 1 割程度であり、年間で約 1 億円程度の経費が必要だという。

運行委託の長所と短所は、**表 2-3** にまとめた。

表 2-3 十津川村村営バスの長所と短所

長 所	短 所
安全・安定輸送(30 年間、大きな事故なし)	乗務員の高齢化により、人件費が増加している(運航経費のうち、人件費が約 85%)
小中学校の臨時バスの配車が円滑	
乗務員が村内出身者のため、利用者のことをよく把握している	

出典：村営バスの概要 http://www.jiam.jp/case/upfile/0034_1.pdf を基に作成

(3) 今後の課題

十津川村では、バスの収支率が低いため、少しでもこれを改善したく、バス車両で新聞の輸送を実施したり、車両の広告収入を募集している。新聞輸送は、大きな小包のような状態で輸送するのではなく、数件分の新聞を定められた場所まで輸送し、運転手さんが投函している。朝刊に関しても、そのような輸送で対応しているため、各家庭に届く時間は他の地域よりも遅くなってしまうが、大きな苦情はないという。

新聞以外に、日用品として農家が生産したわさびを、十津川村にある温泉旅館に運んでいる。これはわさびを生産した農家が、村営バスの運転手に預けて、最寄りのバス停で旅館の人が受け取る形で実施している。

十津川村の村営バスでは、運行経費に占める人件費の割合が約 85%になる旨を説明したが、十津川村では村営バスの乗務員の確保が喫緊を要する課題であるという。乗務員の高齢化が進んでおり、若年労働者が来ないという。十津川村が言うには、十津川村の村営バスは道路運送法第 78 条が適応されるため、大型二種免許を所有していない人であっても、大型車の運転免許を所有しており、旅館などの送迎バスを運転していた経験者であれば村営バスを運転しても法律上は問題ないが、奈良交通で研修を受けるプログラムを用意しているという。

十津川村は、日本一面積の広い村であり、面積は琵琶湖に匹敵するため、集落があっても公共交通がない地域も多数あるという。すべて

の地域に村営バスを設定することは、経費の関係もあり、難しいところである。村内には、タクシー事業者が1社あるため、新規にデマンドを設定して対応することも考えられる。事実、土日・祝日限定で玉置神社行きのデマンドを運行しているが、これはダイヤが決まっており、事前に予約しなければならない。

既存の村営バスをデマンドに置き換える考えはないとのことであったが、車両の小型化も検討しているとのことであった。現時点では、十津川村では21台の車両を保有している。内訳は、トヨタのハイエースというワゴン車が2台で、日野のリエッセが19台である。十津川温泉～那知合間を結ぶ路線は、ワゴン車で十分に対応できる輸送量しかないが、ワゴン車では朝夕のスクールバスとして使用した際、積み残しが出る危険性があるため、難しいところである。

その他として、八木駅～新宮駅間を結ぶ八木新宮線は、十津川村にとれば生命線でもあり、特急バスの利用促進が課題である。十津川村では、年間で損失補填として1,000万円程度負担しているという。十津川から新宮方面へ向かうバスは、十津川村役場13:06発が最初であるため、朝に新宮方面の病院などへ行きたい人にとれば、不便であると言える。かつて十津川温泉～新宮間を結ぶ熊野交通のバスが運行されていたが、利用者の減少に伴い、廃止されてしまっている[注2]。

十津川村では、2016年3月1日～4月30日まで、村営バスを一律500円の実証実験を行っている。これは十津川温泉の泉質が科学的に良いことがわかったためであり、温泉に浸かってもらう試みから始めたという。これにより、十津川村内での買い物需要が増えたという。

これは十津川村の村営バスと関連するが、国道168号線の雨量による通行規制に対し、もう少し柔軟に対応してもよいように感じた。五條市～十津川間は、山間部で幅員が狭い箇所が残っているが、十津川村～新宮市に掛けては、国道168号線の改良も進んでいる。川湯温泉

(注2) 厳密に言えば、十津川温泉～本宮大社前までの村営バスが運行されているため、本宮大社で熊野交通のバスに乗り継ぐ方法はある。

などに立ち寄るため、国道 168 号線を離れた箇所は、道路状態が悪いこともあり、25mm 程度の雨で通行規制が掛かり、バスの運行が中止になってしまう。この場合、川湯温泉などを経由せず、改良が進んだ国道 168 号線を新宮へ向かうようにするなどの配慮が欲しい。筆者が八木駅〜新宮駅行きの特急バスを利用した 2016 年 6 月 28 日は、雨量規制で十津川村役場で運転が打ち切りになってしまった。新宮へ行きたい人もいたが、十津川村役場で下車させられ、雨量規制が解除されるのを待たざるを得なくなった。

　国道 168 号線は、急峻な紀伊半島を横断するために十津川沿いに無理をして国道を建設したため、少し雨が降れば土砂崩れなどが発生して、昔はすぐに不通になった。昨今では、トンネルでショートカットするなど国道 168 号線の改良が進んでいるが、この国道が不通になれば、十津川村の人たちは完全に孤立してしまう。

　高規格道路の建設は、喫緊を要する課題ではなくなったが、雨量規制による通行止めは極力起きないようにすることも、非常に重要ではないかと感じた。今の状態では、急病人が出れば助かる命も助からなくなると言える。

3. 住民主体のコミュニティーバス

3.1 醍醐コミュニティーバス

(1) 導入の契機となった京都市営地下鉄東西線の開通

　醍醐地区は、京都市伏見区東部に位置しているが、地下鉄醍醐駅を底としたすり鉢状の地形である。京都市営地下鉄東西線が開業するまでの醍醐地区は、京都市交通局の市バスと京阪バスが地域住民の日常生活の足であった。住民は、路線バスを利用して、JR 奈良線・京阪本線の六地蔵駅や JR 東海道線の山科駅、京都市内中心部の四条河原町などへ出掛けていた。

　1997 年の地下鉄東西線の開業は、都心部へのアクセスが容易になるため、地下鉄が利用しやすい地域の住民にとれば明るい話題ではある。その一方で、地下鉄東西線と並行する醍醐地区の路線バスは、京都市交通局が各路線の廃止や京阪バスへの移管を行い、醍醐営業所を廃止した。

　また京都市交通局から路線の移管を受けた京阪バスも、京都市内中心部の四条河原町などへの直通を廃止するなど、地下鉄東西線での輸送を前提として、路線バスはフィーダー輸送という、大幅な再編が実施された。

　地下鉄東西線が開業しても、幹線道路には路線バスが運行されるが、醍醐地区の高台などに居住する高齢者は、路線バスが廃止されると自宅から地下鉄の駅までは、坂道を歩きながらアクセスせざるを得ず、かえって不便になった。

　そこで醍醐地域の住民は、2001 年 9 月に自治町内会連絡協議会などが中心となった「醍醐地域にコミュニティーバスを走らせる市民の会」(現「醍醐コミュニティーバス市民の会」、以下「市民の会」)を設立し、京都市交通局や関係団体に路線バスの運行を強く求めた。

しかし京都市の財政事情も悪く、京都市交通局が路線バスを運行することは困難であった[注1]。一方の京阪バスも、「不採算」を口実に運行に乗り気ではなかった。

そこで「市民の会」は、京都市交通局や京阪バスなどに頼るのではなく、自分たちが主体となって、自主運行の路線バスの導入を目指すことにした。そうなると、自分たちにはバス運行の知識やノウハウなどがないため、学識経験者として京都大学大学院工学研究科の中川大教授（当時は助教授）を招聘して、事業者などを交えて交渉を行っていた。

この頃、三重県の四日市市でも、三重交通の路線バスが廃止されたことにより、不便になった住民が中心となって、次節で紹介する「生活バスよっかいち」の運行を開始していた。

醍醐地区には、細街路も多いことから、日野のリエッセなどのミニバスやワゴン車による輸送が適しており、バスの運行はヤサカグループの（株）ヤサカバスに委託することになった。バス停の位置や路線の設定は、中川先生とNPO法人京のアジェンダ21フォーラム（以下：京のアジェンダ）の交通WGが中心となって進めた。

バス停を設置するとなれば、警察や地域住民との折衝が必要になる。警察は道路管理者であるため、バス乗降時の安全性を指摘する。場合によれば、バスベイの設置を要求したりする。そうなると都心部では、植え込みを移動させるなどが必要となり、バス停1つ設けるだけで、軽く1,000万円を超えることもある。それ以外に、車庫の出入り口や消火栓の近くは、車の出し入れや火災発生時の円滑な消火活動の妨げになるため、バス停の設置を許可しない。

一方の住民は、バス停が近いことは望むが、すぐ傍らは以下のような理由で嫌がる。

（注1）京都市側は、京阪バスに循環バス（4条バス）の運行を要請し、これについては2002年に「くるり200・だいご循環線」として運行が開始されたが、運賃やダイヤなど多くの面で住民側が求めていたバスと大きく乖離していた。やがて京阪バスの他の一般路線バスと統合され、わずか2年で廃止された。

① 覗かれる危険性がある。
② ゴミを捨てられる。
③ バス発車時に、大量の排気ガスが自宅に入る。

バス停を設置しようとすれば、すぐ前の民家と両隣や向かい側の民家とも同意形成が必要となり、これは並大抵のことではない。

以上のような理由を加味すると、児童公園や自治会館などの公共施設か、コンビニや商店の前、そして塀の高い民家の前などに落ち着く(**写真 3-1**)。

写真 3-1 「醍醐コミュニティーバス」のバス停（谷寺町）

バス停の位置や路線設置に関しては、当時は京のアジェンダの職員であった能村聡氏が担当している。筆者は能村氏を存じ上げているが、誰とでも分け隔てなく話をする人であるため、一般市民の中に入り込んで行って折衝することが得意である。京都市から欠損補助をもらわず、運賃と協賛金だけでコミュニティーバスを運行するとなれば、能村氏のようなキーパーソンがいなければ難しいだろう。

2003年6月には、ヤサカバスと「市民の会」だけでなく、協賛金を

出資する団体や法人を交えて、運行に関する契約を締結した。「醍醐コミュニティーバス」は、運賃収入だけでは運行経費が賄えないことから、地元企業や商店、病院などが協賛金を出すことで、損失を補填する。そして 2003 年 11 月には、近畿運輸局に路線バス運行の「許可」を申請した。

2002 年 2 月に道路運送法が改正され、路線バス事業への新規参入に関する規制は、「許可制」に緩和されていた。「許可制」に緩和されたことから、安全かつ安定して運行する能力がある事業者であれば市場への参入が可能である。

ヤサカバスは安定した輸送実績があるため安全運行は問題はなく、協賛金を得ることで事業の継続も担保されることもあって、近畿運輸局から「許可」が得られた。そこで「醍醐コミュニティーバス」という名称で、2004 年 2 月 16 日から 4 路線の運行を開始した。その後、利用者の要望などを取り入れ、3 号線の増強型として 5 号線も運行されるようになる（**写真** 3-2）。

写真 3-2 「醍醐コミュニティーバス」

(2) 協賛金の導入

「醍醐コミュニティーバス」は、2016年3月末まで5路線運行されていたが、3号線を14人乗りのワゴン車から、日野のリエッセに変更して定員が増えたこともあり、現在は4路線になった（図3-1）。大人1回当たり200円均一である。1日乗車券も販売されており、300円とお買い得になっている。1日乗車券は、車内でバスの運転手さんから購入することができるため、醍醐駅から醍醐寺を往復するだけで元が取れる。醍醐寺のバス停も、醍醐寺の門の傍に設けられているから、便利であると言える。

出典：醍醐コミュニティーバス市民の会ホームページより

図3-1 「醍醐コミュニティーバス」の路線図

「醍醐コミュニティーバス」の中でも、最も利用者が多いのが、醍醐寺へ向かう4号線である。運行を開始した当初は20分間隔で運転されていたが、現在は30分間隔で運転されている。

毎年2月23日には、五大力尊仁王会（ごだいりきそんにんのうえ）が催される。不動明王など五大明王の力を授かり、その化身・五大力菩薩によって国の平和や国民の幸福を願う行事であるから、早朝から夕刻まで人の列が途切れることがない。全国から十数万人の参拝者が訪れるこの仁王会は、醍醐寺最大の年中行事として知られている。また醍醐寺は桜の名所としても有名であり、4月の桜のシーズンには、醍醐中学校の吹奏楽部が、地下鉄醍醐駅でバス停で並んでいる人を歓迎する意味も込めて演奏する。これらの行事や桜のシーズンには、地下鉄醍醐駅前と臨時の醍醐寺前間のみを走行する臨時バスが増発されるなど、特別輸送体制が組まれる(注2)。さらに当日は輸送量が激増するため、ヤサカバスが洛西地域の路線で使用している黄色の大型車両を、醍醐地域まで回送して一部投入する体制をとる。

運行が計画された時点では、4路線の合計で1日当たり500人程度の乗車を見込んでいた。営業開始から10ヵ月近く経過した時点では、1日当たり600人程度であり、予測を上回った。また利用客数が累計10万人に達した時期は想定よりも大幅に早かった。2016年6月末の時点では、1日当たり1,700人が利用している。

だが利用者は大幅に増えているが、運行本数は運行開始した当初よりも減少している。これは高齢者が多いため、乗降に時間が掛かってしまうこともあり、定時運行などができないためである。また3号線を、ワゴン車から日野のリエッセというバス車両に変えたため、輸送力が増えたことも要因である。そこで運行を担うやさかバスと交渉して、ダイヤを間引くことにした。

(注2) 醍醐寺前と地下鉄醍醐駅を結ぶ道路の一部区間が通行止めとなり、同区間を走る4号路線のルートが一部変更となる。そのため「醍醐東団地」と「醍醐寺前」バス停が休止となり、醍醐寺前と醍醐駅を結ぶ道と、新奈良街道が立体交差する付近に「臨時醍醐寺前」のバス停が設置される。

利用形態は、醍醐地域に居住する高齢者の病院や買い物、そして通学利用など、各住宅地から醍醐駅・石田駅への移動手段ではあるが、沿線に醍醐寺や随心院をはじめとした観光スポットがあることから、それら観光地への移動手段でもある。

住宅地などへ分け入る形で運行されるが、「醍醐コミュニティーバス」の運行時間が 8:00～18:00 までであるうえ、回数券こそ設定されているが、定期券は設定されていないため通勤需要はあまりない。通勤者は、幹線に運行される京阪バスを利用して地下鉄醍醐駅などへ向かう。

運行開始した当初は、京都市バスや京阪バス、京都交通のバスは、京都市の敬老乗車証を提示すれば、運賃が無料となるにもかかわらず、「醍醐コミュニティーバス」は敬老乗車証の対象外であった。

だが住民は、「より高齢者が多く住んでいる地域を運行しているにもかかわらず、敬老乗車証が適用されないことに不満である」という要望が強かったことから、2006 年 10 月から敬老乗車証を提示すれば、「醍醐コミュニティーバス」も運賃が無料になった。精神障害者も含めた各種障害者手帳を提示すれば、運賃は無料になる。精神障害者 1 級の人は、手帳を見せると付き添いの人も無料になるが、2 級や 3 級は手帳を持っている本人だけである。高齢者や身体・精神障害者に対する配慮は行き渡っているが、ICOCA などの非接触式乗車券類は、一切使用できない。

「醍醐コミュニティーバス」は、地域住民主導で運行を開始したことから、醍醐地区のスーパーや病院などに、協賛金という形で協力してもらいながら、コミュニティーバスを維持していることが注目に値する。3.2 節で紹介する「生活バスよっかいち」も、協賛金を導入しているが、それだけでは運行経費が賄えず、四日市市も運行経費を補助している。それゆえ運行開始当初は、京都市から損失に対する補助を受けていないことが注目された。現在は、高齢者や身体・精神障害者の乗車に対しては、京都市が福祉関係の予算で補助している。「生活バスよっかいち」は 100 円均一で、「醍醐コミュニティーバス」は 200 円均一という違いや、利用者数の違いはあるが、「コミュニティーバスは、

各自治体が損失を補填する」ということが一般的であったため、自治体関係者にとれば特異なことであり、日本各地から自治体関係者が視察に訪れた。また研究者にとっても、「協賛金」などについて知りたく、「醍醐コミュニティーバス」を視察している。

3.2 「生活バスよっかいち」

(1) 協賛金・応援券の導入

「生活バスよっかいち」とは、三重県四日市市においてNPO法人生活バス四日市によって運営されるコミュニティーバスである。誕生した経緯は、四日市市の羽津地区で運行されていた三重交通の垂坂(たるさか)線は利用者が少なく、1980年代後半から赤字路線となり、本数も大幅に削減されてきた。

四日市市の人口は2000年度の時点で約29万人であるが(現在は、約31万人)、このような地方都市は路線バスの運営が最も難しい地域である。都心部では渋滞に遭遇して、路線バスは定時運行ができない。一方、少し郊外に行けば住宅地も広がるが、各家庭は自家用車を所有している。さらに郊外に行けば、過疎化が進行しており、空気輸送となる危険性がある。つまり、都市型の問題点と過疎型の問題点の両方を抱えることになる。

三重交通は四日市市に対し、垂坂線の補助の増額を要求した。もし増額が無理であるならば、垂坂線の四日市駅～垂坂公園間を廃止せざるを得ないという旨を、四日市市を通して住民側(町内会)に伝えてきた。四日市市側は、近鉄名古屋線があるうえ、垂坂線以外のバス路線もあることから、補助を打ち切って廃止されたとしても問題がないと判断し、2002年5月31日で垂坂線は廃止された。

このとき、地元の羽津地区では衝撃が走り、町内会の副会長であった西脇良孝氏が羽津地区の住民を対象に回覧板でアンケート調査を行った。羽津地区は、近鉄名古屋線の霞ケ浦駅から2km程度離れているため、足腰が弱くなった高齢者にとれば、徒歩による駅などへのア

クセスは厳しいものがあった。152名から回答があり、「バスがなくなると困る」という意見が圧倒的であった。羽津地区の住民は、四日市市に対して路線バスの存続などを要求したが、四日市市からは有効な回答がなかった。

そこで町内会と一部住民が中心となり、コミュニティーバスが運行できないかどうか、検討することになった。その過程において、自家用車が運転できない、あるいは自家用車による送迎を期待できない住民の日常生活の足を確保するだけでなく、新たな公共交通のニーズを創出することを目標とした。そのため三重交通時代の路線やダイヤを踏襲するのではなく、地域住民の声を聞きながら、需要に見合った路線やダイヤとすることにした。

そんな時、2002年6月に四日市市交通政策課は、新しい路線バスの開拓者として、森川樹脂の代表取締役である森川俊秀氏を紹介してきた。そこで森川氏から、「スーパーサンシ大矢知店(**写真 3-3**)^(注3)を起点に、近鉄かすみがうら駅を経て、富田浜病院までの路線で、沿線の企業より協賛金の提供を受け、生活に密着した生活バスの運行を計画しているので、地区住民として一緒に活動しないか」という相談を受けた。

写真 3-3　スーパーサンシ大矢知店

(注3) スーパーサンシ大矢知店は、夜11時まで営業しているため、地域の人には便利である。

運行経費に対しても、「運賃収入だけで運行経費を賄う」という従来の考え方から脱却し、地域企業や病院、商店などにも「協賛金」という形で出資してもらう形で、路線バスの運行を維持することになった。そして地域住民が主体となってNPO法人を立ち上げ、コミュニティーバスの運行・企画に携わることとなったが、バスの運行は三重交通に委託している（2002年の道路運送法の改正により、岡山県に拠点を置く両備グループが、四日市市でバスを運行しても法律上は問題ない。しかし両備グループは、三重県の土地勘がないうえ、営業所もない。そうなると、地元の三重交通に委託せざるを得ない）。

「とにかくバスを運行してみよう」という機運が強まり、試験運行をすることになった。試験運行を三重交通に依頼したところ、1カ月当たり50万円程度要することになったが、まずは実績を作ることが優先された。

試験運行を開始した2002年9月には、地域住民と協賛企業、そこに三重交通が加わり、任意団体「生活バス四日市運営協議会」を設立し、地元企業から協賛金を集めて、同年の10月からは運賃を無料で試験運行を行った。また、同年10月に三重陸運支局へ運行の許可を申請している。許可の申請は、当時の道路運送法第21条に基づいて行われた。ただし21条バスは、市町村が運営することが原則であり、バス事業者も貸切の資格を持っているなどの条件をクリアしなければならない。三重交通は、貸切業務も実施しているため、問題はなかったが、許可が下りるまでに紆余曲折があった。

2003年4月1日から本格運行を実施することとなり、その時には運行経費は1カ月当たり80万円も要することになった。運営主体としてNPO法人「生活バス四日市」が発足するが、これは社会的な信用を得るためである。そして、1回の乗車につき大人100円の運賃を徴収することにした。これは運行経費が値上がりしたこともあるが、運賃が高いと利用しづらくなったとしても、無料にしてしまうと「バスは存在して当たり前」という気持ちを醸成させてしまうためでもある。

この際、大事なことは、危機意識を羽津地域の住民に持ってもらう

ことである。100円であれば、地域住民にとっても大きな負担にはならないうえ、「乗車しなければ、廃止される危険性がある」という危機意識を持ってもらえる。

大人1回当たり100円の運賃を徴収することや、地元企業や病院、商店から協賛金を得ることもあり、四日市市も30万円/月を支援することになった。四日市市は、当初は反対の立場であったが、試験運行の実績を評価して出資を決めた。利用者から徴収した運賃は、バスの運行以外にNPO法人「生活バス四日市」の一般管理費などに使用される。

「生活バスよっかいち」は、三重交通垂坂線の撤退により、公共交通空白地域が生じるため、地域住民が力を合わせてNPO法人を設立し、NPO法人がバス運行の主体となった先進的な事例であるが、安定供給を担保するため、運行は三重交通に委託している。運賃収入以外に応援券の導入や地元商店や病院などから協賛金を募るなど、今後のコミュニティーバスや路線バスのあり方に大きな影響を与えた。

(2) 今後の課題

「生活バスよっかいち」は、2003年4月1日から本格運行が開始されたが、2010年9月末までは、月曜日～金曜日まで1日当たり5.5往復運行された。車両は、コミュニティーバスで主力となっている29人乗りの日野のリエッセが用いられ、運賃は大人1人当たり1乗車につき、100円であった(**写真3-4**、**写真3-5**)。

バスのダイヤは、近鉄名古屋線の霞ケ浦駅の傍にある霞ケ浦クリニック発よりも、羽津地区の住民がスーパーサンシ大矢知店で買い物をすることを重視して組まれているため、霞ケ浦クリニック発の最終は17:20である。

スーパーサンシ大矢知店の最終は18:20であるが、霞ケ浦クリニック発の最終とスーパーサンシ大矢知店発の最終は、よっかいち社会保険病院に立ち寄らないため、**図3-2**で示すように、羽津郵便局前～くわしん前間をショートカットする。

写真 3-4 「生活バスよっかいち」の車両

写真 3-5 「生活バスよっかいち」の車内の様子

　通常の便は、霞ケ浦クリニック〜スーパーサンシ大矢知店間の所要時間は 36 分であるが、最終便だけが 24 分となっていた。2010 年 10 月 1 日より、大谷台という住宅地に立ち寄るようになったが、これは買い物難民対策であり、大谷台だけに限らず、日本全国で見られる現象である。特に 1960〜70 年代の高度経済成長期に造成された住宅地は、高齢化が進んでいるにもかかわらず、バスがないために買い物や病院へも行けない高齢者の増加が問題になっている。

　大谷台へ立ち寄ることで、所要時間が通常便と最終便で、8 分ずつ延びて通常便が 44 分、最終便で 32 分となった。片道で 8 分ずつ所要

時間が延びるということは、往復で約20分程度所要時間が延びるため、1台のバスで「生活バスよっかいち」を運行しようとすれば、1日当たり4.5往復に減便せざるを得なくなった。

出典：公共交通利用促進ネットワーク「路線図ドットコム」の路線図を基に作成

図3-2「生活バスよっかいち」路線図

生活バス「よっかいち」が運行される地域の高齢化が進み、買い物難民が増えており、路線の拡張を希望する要望が強いが、現在のバス1台体制では、十分に対応できていない。「生活バスよっかいち」の利用者数の推移を表3-1に示したが、運行本数が1日当たり4.5往復に減便された2010年10月は、1日当たり平均で102名の乗車があったが、翌月から2016年4月まで、1カ月当たり平均で100名を超える月はない。やはり運行本数が1往復減少すると、それだけ利用しづらくなった結果と言えよう。

表 3-1　月別の「生活バスよっかいち」の1日当たりの平均バス乗車人数の推移

	4月	5月	6月	7月	8月	9月	10月	11月	12月	1月	2月	3月
2002年度	25	28										
2003年度	68	76	81	81	84	81	78	72	63	64	65	74
2004年度	74	74	84	86	85	83	98	80	74	68	74	72
2005年度	93	94	97	99	94	97	108	101	93	81	93	92
2006年度	91	94	100	108	108	104	106	100	102	85	92	85
2007年度	98	106	112	112	108	118	114	98	104	82	91	94
2008年度	102	108	120	116	110	107	110	112	112	87	103	106
2009年度	111	100	104	112	107	99	110	110	98	82	108	101
2010年度	93	89	101	100	100	96	98	99	97	97	100	99
2011年度	83	78	81	79	84	77	102	89	87	76	81	79
2012年度	74	76	77	78	77	81	77	82	80	66	78	74
2013年度	73	76	76	77	73	77	81	79	69	60	73	75
2014年度	76	76	80	79	80	88	73	73	70	62	68	76
2015年度	66	73	75	71	65	72	79	75	71	64	72	67
2016年度	66							71	73	54	62	67

出典：Sバスよっかいち http://www.rosenzu.com/sbus/ を基に作成

年末年始やGW期間中の祭日は運休になるため、12月や1月、5月などは1日当たりの乗車人数が少なくなるのは、致し方ないかもしれない。全体的に6月～8月に掛けての夏場の方が利用人数も多くなる傾向にある。気温が高い夏場は、歩くことが苦痛になることも影響していると考える。

「生活バスよっかいち」から学ぶ点として、「補助金ありき」でコミュニティーバスの運行を始めなかったことである。

まず「自分たちでやってみよう」という試みが大切であり、地元の商店などから協賛金を得て、試験運行を始めた。

試験運行の結果が良かったため、本格運行することになり、四日市市が補助金を支給するようになった。

最終的には補助金を支給することになるが、地域住民の熱意が最初であり、補助金は最後である。「補助金ありき」で運行を開始しても、コミュニティーバスは有効に機能しないのである。

4. コミュニティーバスの課題

4.1 廃止されたコミュニティーバス

(1) 大阪市の「赤バス」

「赤バス」は、かつて大阪市交通局が「マルチライダー」という小型のノンステップバスを用いて運行していたコミュニティーバスである。名称は、車体色が赤色であったため、それにちなんで名付けられた。

大阪市内には、一般の大型バスが運行ができない細街路が多く、人口は密集しているが、駅や病院、買い物に行くにも路線バスがないという「公共交通空白地域」が多かった。「赤バス」は、鉄道駅や公共施設、スーパーマーケットと住宅地などを、きめ細かく結ぶ地域密着型の公共交通として、2000年5月20日に試験的に5路線での運行を開始し、2002年1月27日に21路線で本格的な運行を開始した。

だが乗客数が伸び悩んだことから、2008年3月30日には、中央区を運行していた"中央ループ"という路線が、赤バスで最初の廃止路線となった[注1]。また同年6月1日には、西ループ[注2]も廃止されるなど、一部の路線から廃止が始まるなど、都心部を中心に路線の増減が続いた。

大阪市交通局は、「赤バス」が大阪市バスの赤字体質の一因となっていると考えた。そして「赤バス」を2010年度末までに全廃する意向を2009年3月に打ち出した。しかし実際には、2010年度から2011年度を「利用促進への取組む最後の期間」と位置付け、コスト削減や利用促進など、「赤バス」の経営改善を模索した。

(注1) 運行経路は、天満橋→谷町四丁目→下寺町→中央区役所→天満橋であった。
(注2) 運行経路は、地下鉄西長堀→本田一丁目→安治川トンネル前→西区老人福祉センター→地下鉄西長堀であった。

運行は、赤バス運行開始当初より 2010 年 3 月 28 日のダイヤ改正までは、全系統が大阪市と、当時の大阪運輸振興(注3)(現：大阪シティバス)に委託されていた。2010 年 3 月 28 日のダイヤ改正では、一部の系統で井高野営業所も担当することになり、同営業所の担当路線だけは、運行経費を下げることを目的に南海バスに委託した。

運賃は、大人が 1 回の乗車につき 100 円であった。通常の大阪市交通局の路線バスと「赤バス」を乗り継ぐ場合は、「赤バス」の運賃が半額になった。どちらのバスに乗車したのかを判別するため、"スルッと KANSAI カード"の印字は、通常の路線バスの印字とは異なり、「大交 BUS」と表示されていた。

区民説明会や地域調整協議会などを経て、2011 年 9 月 21 日に正式に 26 路線を同年度末で廃止し、残り 3 路線は利用者が多いため 1 年間運行を延長する方針が示された(注4)。

そんな中、2011 年 11 月に大阪市長選挙が実施され、新自由主義を掲げる橋下徹が当選し、同年 12 月 19 日に大阪市長に就任すると、「赤バス」廃止への流れが加速した。橋下徹は、市長就任後の政策として、大阪市交通局が運営している黒字の市営地下鉄・ニュートラムは民間へ売却する形で「民営化」、赤字の市営バスの「廃止」の方針を打ち出した。

「赤バス」は、2012 年 4 月時点で 29 路線が運行されていた。マルチライダーという小型の車体で、かつ超低床式であったため、通常のバスでは運行が困難であった地区への路線開設などしやすく、高齢者の乗降も楽であった。マルチライダーには乗降扉が 1 カ所しかなかったが、支払いは大阪市営バスと同様に後払いとなっていた。また、市交

(注3) 大阪市交通労働組合の共同出資により設立されたバス会社である。
(注4) この3路線は、他の路線と統合される形で廃止された。「西淡路－区役所」が 11 号・11A 号系統に統合され、「長吉長原西－瓜破西」が出戸バスターミナルを境に長吉長原西方面が 16 号系統、瓜破西方面が 66 号系統に、天王寺ループが 68 号系統の一般系統に統合された。このうち 68 号系統は、2014 年 3 月 31 日の運行を最後に廃止され、66 号系統も 2014 年 4 月 1 日より 14 号系統と統合され廃止となった。

通局を定年退職した職員の再雇用には一定の成果を挙げていた。

ただし16時頃で運行が終了する系統があるなど、全体的に運行時間帯が短く、通勤に使いにくかった。運行頻度も決して高いわけではなく、待ち時間を考えると徒歩で移動した方が速いケースもあった。それゆえ利便性が高くなく、「赤バス」の乗客数は伸び悩み、多額の赤字を出していたことから、2013年3月31日で運行を終了した。

「赤バス」が廃止されると困る区もある。そのような区では、独自に民間事業者に委託して"コミュニティーバス"という形で、1年間運行することにした。その中には、2014年3月31日で廃止されたコミュニティーバスもあれば、現在も運行が継続しているコミュニティーバスもある。

(2) かしわコミュニティーバス

柏市の旧沼南町地区では、主に東武バスイーストによって路線バスが運行されていたが、柏駅東口〜岩井〜手賀間の路線と柏駅東口/沼南庁舎北口〜風早中学校〜高柳駅間の路線の廃止に伴い、一部地区に公共交通空白地域が発生した。そのため路線バスが廃止される地区の住民に対しては、代替交通を確保する必要性に迫られた。

廃止代替バスとして、柏市は引き続き東武バスイーストに対し、コミュニティーバスの運行を委託したが、柏市内には道路が狭隘であるため、路線バスが運行されていない地域もあった。そのような地域の住民に対して、日常生活の足を確保する目的で、ワゴン車を用いた乗合型のジャンボタクシーで対応することにした。柏市は、ジャンボタクシーの路線を開設するため、染谷交通にジャンボタクシーの運行を委託した。

「かしわコミュニティーバス」は、2007年11月〜2014年3月末まで、37人乗りのマイクロバスを使用して運行された。運行は東武バスイーストが担っており、岩井、若白毛の2つの路線が存在した。いずれも沼南庁舎バス乗継場で東武バスの各路線と乗り継ぎが可能であったが、若白毛、岩井コースの2007年度(11月〜3月)の1往復当たり

の利用者数は1.35人であり、乗客数は多いとは言えなかった。路線の見直しなどに伴い、2013年3月31日で「かしわコミュニティーバス」の路線はすべて運行が終了した。

「かしわ乗合ジャンボタクシー」は、「かしわコミュニティーバス」よりも2年早い、2005年から運行を開始し、現在も高柳・金山、南増尾、逆井(さかさい)の3路線で運行されている。高柳・金山の各路線は沼南庁舎バス乗継場にて、東武バスの各路線と乗り継ぎが可能である。

高柳・金山コースの2007年度(11月〜3月)の1往復当たりの利用者数は3.29人であり、南増尾、逆井コースの2007年度の1往復当たりの利用者数は4.64人である。定員が9名のワゴン車を用いていることから、乗車率は高いと言える。

柏市では、2013年1月15日から、沼南地域の一部で「カシワニクル」という予約型の相乗りタクシーの実験運行を開始し、同年の4月1日からは「かしわコミュニティーバス」は廃止する代わりに、「カシワニクル」を本格運行することになった。

(3) 熊本市都心部循環「ゆうゆうバス」

熊本市でも、2001年から2005年にかけて都心部循環のコミュニティーバスが運行されていた。熊本交通センターと熊本電鉄の藤崎宮前駅間を、繁華街を経由しながら結ぶ循環路線であり、大人は100円均一の運賃であった。熊本市がコミュニティーバスの運行を開始した経緯は、中心市街地の活性化やバスを活用した街づくりを図る目的であり、1999年夏に熊本市が都心部循環バス計画を発表し、2000年12月16日に「オムニバスタウン」[注5]の指定を受ける。

(注5) 1997年5月に、当時の運輸省・建設省(現:国土交通省)、警察庁によって開始された補助制度である。これに指定された市では、バスの利用促進のための総合対策事業が行われる。当初は、金沢市、鎌倉市、奈良市、松江市などの観光都市を中心に指定されていた。その後は、盛岡市、仙台市、新潟市、岐阜市、静岡市、浜松市、岡山市、福山市、松山市、熊本市が加わった。その結果、現在では14市がオムニバスタウンに指定されている。

都心部循環型のコミュニティーバスを運行するとしても、熊本市としてはどのようなコミュニティーバスを作ればよいかわからないこともあり、2001年3月2日〜11日までの10日間ではあったが、10時台から18時台まで20分間隔で27便を設定し、運賃無料で試験運行させた。

1周約6.4km、所要時間約55分のルートで、熊本市の繁華街である熊本交通センターの周辺を通る路線であった。バスの運行は、熊本市営バス、九州産交、熊本電鉄バス、熊本バスの4社が担っていたが、バス事業者は需要が見込めるアーケード街や並木坂など繁華街中心部の走行案を提案した。だが、道路を管理する警察や商店街が安全面などを理由に反対した。

その結果、繁華街中心部の走行は実現しなかったことから、試験運行期間中の利用者数は平均456人/日に留まったが、熊本市は本格運行時の利用者数予測やルートを検討する際の参考にした。

2001年11月23日からは、「ゆうゆうバス」の名称で本格運行が開始されたが、繁華街の中心部への乗り入れが実現しないことから、熊本電鉄の藤崎宮前駅の電車と接続するダイヤとした。ダイヤは、10時〜18時台まで15分間隔とすることで、買い物などでも利用しやすくなり、運行本数も32便まで増発された。

試験運行時の1周が6.4km、所要時間が55分では、規模が大き過ぎて時間が掛かり過ぎることから、1周が約4.8kmのルートで、所要時間約40分という形で簡略化した。

だが運行開始から約半年間の利用者数は、平均で202人/日しかいなかったため、2003年3月19日に平日のルート・ダイヤが変更された。利便性を向上させ、乗客数を向上させるため、運行ルートを変更しただけでなく、14時〜17時台は10分間隔、それ以外は20分間隔に変更された。さらに2003年9月19日に、平日と土休日のルート・ダイヤを統合する形で再変更されたが、平日は利用者数が芳しくなかった。

そこで2004年6月1日に平日の運行が中止となり、赤字削減のため土日祝日のみの運行となったが、2005年3月31日に運行を終了した。

都市部循環型コミュニティーバスである「ゆうゆうバス」が運行を終了した理由として、以下の理由が挙げられる。
① 熊本市営バスにおける営業係数は700を超えており、累積赤字は4社合計5,000万円近くに達していた。
② 周辺は既存の路線バスの運行頻度が極めて高い。
③ アーケード街に直接アクセスできないことで、徒歩に比べて所要時間で大差がなかった。

ところが、「ゆうゆうバス」は一度は廃止されたが、再び同じ名称で復活することになった。実は2012年4月に熊本市は、政令指定都市に移行した。政令指定都市となったことから、新たに区役所が設定されることになった。そうなると区役所が地域住民にとって身近な役所となることから、自宅から区役所までのアクセス手段が必要となる。さらに市内には公共交通空白地域が存在したことから、区役所へのアクセスと日常生活の市民の足を確保する目的でコミュニティーバスが新設された。

コミュニティーバスが運行を開始したときは、中央区を除いて熊本市内で広く運行されていたが、2015年4月以降は北区のみとなった。中央区で運行されなかったのは、路線バスが豊富にあるため、新たなコミュニティーバスは必要なかったからである。また運行日も平日のみであるが、区役所・出張所(移行前の市民センター・総合支所)を中心にその周辺において運行される。

こちらの名称も「ゆうゆうバス」であったが、「ゆうゆうバス」の「ゆう」には、熊本の「熊」の意味を表すほか、「ゆう」の言葉にいろいろな漢字があることから、各地域コミュニティに合った「ゆうゆうバス」に育ててほしいという意味が込められていた。名称は、熊本市が一般から公募を行い、その中から最も多かった案を採用し決定した。

運行は熊本都市バスが担っているが、2015年4月に運行内容の大幅な変更が実施される。植木循環ルートでは、朝の通勤・通学などに植木駅でJRに乗り継ぐ利用者に考慮し、1便増便されただけでなく、鐙田住宅からのアクセス改善を目的として「荻迫(平野入口)」停留所を

追加した。現在は、植木駐車場 → 北区役所前 → 植木駅前 → 鬼塚入口 → 田原坂ニュータウン → 田原坂ニュータウン入口 → 北区役所前 → 植木駐車場の経路で運行されている。

残りの北部循環ルート、麻生田・弓削循環ルート、託麻(たくま)循環ルート、中の瀬・烏ヶ江〜桜木ルートに関しては、利用者が少なく、てこ入れなども行ったにもかかわらず、前年度の収支率が20％に達しなかったため、運行を中止した。

4.2　利用が低迷するコミュニティーバスの特徴

(1)　利用者の減少

少子高齢化による通学需要の減少や、過疎化の進展などについて説明したい。

日本バス協会のHPによれば、乗合バスの輸送人員は1967年頃は年間で100億人台の輸送量を誇っていたが、それをピークに年々利用者は減少傾向を辿っている。2010年度は、ピーク時と比較すれば約44億5,823万人と、ピーク時の半分の輸送量になった。総旅客輸送人員が289億人であるから、バスはその中の15％を占めている。1日当たりの年間平均輸送人員は1,221万人余りを輸送していることになる。

2010年度のバスの営業収入は、公共交通機関全体の15％を占め、1兆4,211億円になる。利用者の多様なニーズに応えるため、事業者も懸命に努力を行っているにもかかわらず、地方では過疎化の進行だけでなく、少子化による通学需要の減少、自家用自動車の普及などにより、利用者の減少に歯止めが掛かっていない。それゆえ営業収入は、低下傾向にある。

少し古いデーターになるが、2010年度の事業者数は1,640社であった。内訳は、民営事業者が1,605社あり、公営事業者が35社あった。従業員数は103,299人であり、車両数が59,195両である。

バス事業は、昨今は鉄道系のバス会社は分社化を実施したりすることで人件費を下げようとする傾向にあるが、それでも人件費は原価の

56.7％であり、経費の中で最も大きな割合を占めている。鉄道事業であれば、インフラの維持・管理費用が3〜4割程度を占めるのに対し、バス事業は労働集約型の産業であると言える。

バス事業者が直面する課題として、原油価格の高騰などにより、燃料費(軽油など)も割合が増える傾向にある。さらにバス事業を取り巻く経営環境は厳しく、優秀な乗務員の確保は、バス事業にとって事業経営の根幹をなす重要な課題である。そこで労働条件の改善や運行管理を適正なものにするため、労働環境の整備に取り組んでいる。

特に地方部においては、バスは主として高齢者や学生に利用されているが、バス利用者は絶対数が少ないうえに、自家用車の普及や人口の減少、少子高齢化の影響を受け、減少傾向が続いている。最近の状況としては、輸送人員の減少幅が依然として大きく、経営に与える影響が深刻化している。その結果、経営破綻したり、大規模な路線廃止が行われた地域もある。

また多くの事業者が、分社化などの合理化努力を行っているが、時代の要請もあってバリアフリー対策や環境対策などへ対応せざるを得なくなり、これらはコスト増の要因となる。またバス事業者における燃料費の占める割合は、海運業などと比較すれば低いが、バス事業者の7割は赤字経営を強いられており、軽油価格の大幅な高騰が経営に大きな打撃となっている。それゆえバス事業者の経営は極めて厳しい状況に陥っており、地方の過疎路線では、バス停の維持・管理すら満足にできない状態になっており、公的支援なくして路線網を維持することが困難な状況になっている。

そのため生活交通となっている路線を維持するためには、各地域のバス事業者と地方自治体や警察、さらには地域住民が十分な連携と適切な役割分担の下に、地域ニーズを十分に把握しながら、全体として効率的かつ充実した輸送サービスの確保を図っていくことが必要となっている。

筆者は、鉄道だけでなく、バス事業にも「公有民営」の上下分離経営を導入する必要性を痛感している。鉄道事業の場合、「公有民営」の

上下分離経営を行うとすれば、インフラは「公」が所有し、列車運行は「民」などが行うことが一般的である。

しかし地方のバス事業者の経営状況は非常に厳しく、乗降が楽な低床式の新型バスを導入することが無理なだけでなく、バス停の管理すら、満足にできていない。バス停に上屋やベンチがないことは当然であり、中にはバス停の名前すら満足に読めない所もある。降雪のある地域では、**写真 4-1** のようにバス停が雪で埋もれてしまい、どこがバス停であるのかわからない場所もある。バス停の管理は、バス事業者が担うことになっている。

写真 4-1　雪に埋もれたバス停

バス事業で「公有民営」の上下分離経営を実施する場合、車両の所有とバス停の維持・管理は「公」が担い、民間に運行委託する「公設民営」に近い形にならざるを得ないと考える。

路線バスでは、利用者が少なくて廃止された路線を、コミュニティーバスとして名称を付け、ミニバスを用意して、100 円均一運賃にして運行したとしても、それだけでは利用者は増えない。もともと需要が少ないという要因もあるが、利用者のニーズに見合った運行をしなければ、誰も利用しないコミュニティーバスとなってしまう。

岡並木氏は、『運輸と経済』2002年2月号の「コミュニティーバスと自治体－数字にこだわらず住民の本音に耳と目を－」の中で、「コミュニティーバスは既製服ではなく、注文服であり、プロセスが大切である」と述べている。

　筆者も岡氏と同様に「Cバス」の事例から、コミュニティーバスはオーダーメイドであると考えており、有効に機能するには「誰に利用してもらうバスであるかを決める」と同時に、「どのようなサービスを提供するのか」というコンセプトと新規需要開拓を行うためのマーケッティングも大切だと考える。

(2) ルート選定

　「ムーバス」の成功が全国に情報発信され、各地の自治体関係者が視察に訪れ、そしてコミュニティーバスに取り組むようになったが、有効に機能しない所が多い。「ムーバス」「Cバス」が登場した当時は、利用者が少なく有効に機能しない要因として、最大の要因は利用者のニーズを満たす設定がなされていないこととされた。

　行政主導の場合、なるべく自分の自治体のみで完結するように路線を計画する傾向がある。隣接する自治体の商業地や鉄道駅などに乗り入れれば、利便性が向上することがわかっていても、「住民税を払っていない地域の住民にまで、サービスしなくてもよい」という考えから実現できないでいる。ルート上、隣接する自治体内を通行する場合では、コンビニ前などの明らかに需要が見込める場所であっても、コミュニティーバスではバス停が設置されない場合が多い。

　役場や総合病院をベースに運行している地域では、一部の路線しか鉄道駅を経由しない事例が見られる。地域の公共施設を利用する住民には、この運行形態でも大して不便ではない。だが鉄道を利用して訪れる非居住者には、乗り継ぎが増加して利用しづらくなる。

　営業区域が広範にわたりながら、旅客需要や車両台数の制約から、単純な往復や一方循環ではない複雑な運行経路となる事例もあるが、このような路線は所要時間が増大するため、これが原因で利用者が増

えない。

　『路線バスの現在・未来 PART2』の著者である鈴木文彦氏は、コミュニティーバスの利用者が少なくなる要因として、①ルート選定の悪いバス（駅に乗り入れないバス）、②定時運行できないバス、③運行頻度の少ないバス、④複雑なルートのバス、の4点を挙げておられる。筆者はさらに、⑤として複雑な制度のバスも挙げたい。

　コミュニティーバスの利用者が少ない理由の中でも、鈴木氏が言うには、特に①の駅に乗り入れないバス、②の定時運行ができないバス、③の運行頻度が少ないバスは、全体的に利用者が少ないという。

　筆者は、滋賀県栗東市の「くりちゃんバス」の事例を見ていると、駅であればどこでもよいとは思えない。実は、市民対象のアンケートの結果、駅へのニーズが最も高く、栗東駅、手原駅と一部は草津駅にも乗り入れいるが、栗東市民は、所在は草津市だが新快速が停車する東海道線の草津駅へのバスを希望している。

　以上のことから、利用者の流れと合致しなければならないと言える。

　鈴木氏が指摘する②は、コミュニティーバスだけの問題ではなく、一般の路線バスにも該当する問題であり、道路交通渋滞が激しい地区では、バスの定時運行が担保されず、「いつ来るかわからないバス」となり、自家用車などへシフトしてしまう。

　ルート選定については、2路線ある鈴鹿市の「Cバス」は各路線に高校が2校ずつあり、高齢者以外に高校生という需要が見込めるため、1便当たり平均して15名の乗車がある。高校生の利用が見込めないコミュニティーバスは、利用者が高齢者だけとなり、どうしても利用が低迷してしまう。

　鈴木氏が指摘する③に関しては、「くりちゃんバス」には大宝循環に新興住宅地、草津・手原線に積水化学工業があり、通勤客が利用しそうだが、どちらも栗東駅から徒歩10分程度の距離である。幹線バスが20分間隔である場所に、60分間隔のコミュニティーバスでは、通勤者は見向きもしない。それゆえ、待たずに乗車できるぐらいの運行頻度も必要となる。

④の複雑なルートのバスの中には、途中で横へフェイントを掛けるバスが該当する。沿線住民の意見を採り入れているとも言えるが、このようなバスはルートなどが複雑になり、利用しづらい。特に終点である駅の付近でフェイントを掛けるバスは、利用者が不快に思うのか、非常に利用状況が悪い。

　その他として、コミュニティーバスと既存の一般路線バスの路線とがバッティングしており、両者の間で競合が起こっている場合がある。コミュニティーバスの乗車率向上には貢献するかもしれないが、コミュニティーバスが100円均一などの割安な運賃で市場へ参入すると、一般路線を運行しているバス事業者からすれば、利用者がコミュニティーバスに取られることになる。それゆえ行政による「両者のすみ分けが必要である」との声が上がっている。すみ分けをするということは、「交通調整」であることから、規制緩和の矛盾でもあると言える。

　逆にコミュニティーバスは、体育館や図書館、公民館、市役所などの地域中の公共施設などに乗り入れることが多い。公共施設への乗り入れ要望は多いが、公共施設から公共施設への移動は、案外、少ないものである。公共施設へ乗り入れるための時間的ロスが利用者から嫌がられ、既存の一般路線からの利用者の転移は、想定していたほど進まない傾向にある。

（3）わかりづらさ

　コミュニティーバスの利用が低迷する要因として、ルートが複雑でわかりにくいうえ、1周するのに2時間近く掛かるコミュニティーバスもあるなど、ルートのわかりづらさも利用を妨げる要因である。4.1節で大阪市交通局が運行していた「赤バス」の事例を紹介したが、この中でも住之江区を循環する路線は、1周するのに2時間近く要するうえ、1周した後の地下鉄住之江公園駅の乗り場がわかりづらかった。

　「くりちゃんバス」の場合、⑤の制度のわかりづらさも利用が低迷する要因である。利用者の負担を考慮して、既存の路線バスと乗り継ぐ場合「くりちゃんバス」の運賃を半額にする制度も設けているが、乗

り継げるバスとバス停が指定されており、このパターンに該当しないと乗継割引が適用されない。さらに制度が煩雑でわかりづらく、車体に「くりちゃんバス」というステッカーを貼っているだけであるから、既存の民間路線バスと区別が付き難いという問題がある。

乗継ぎは高齢者に負担であり、接続も悪く時間的なロスが発生することから、新規需要の開拓は難しい。

それ以外に「わかりづらさ」として挙げられる要素として、循環するコミュニティーバスや運行経路の途中で循環が入ったり、路線図を見ただけでは、どのようにバスが流れて来るのかわかりづらいコミュニティーバスは、利用しづらいため、利用者は芳しくない。

各自治体でコミュニティーバスを導入するため、武蔵野市の「ムーバス」や鈴鹿市の「C バス」を視察した自治体関係者は、「コミュニティーバスは循環するものであり、かつ循環させなければならない」と考えているところが多い。

「ムーバス」が運行される東京都武蔵野市は、一方通行の細街路が多いため、一方通行の循環型にせざるを得なかったが、それでも1周の所要時間は20分程度である。自分の住んでいる町内を一周したいと思う人は、ほぼ皆無であることから、コミュニティーバスは、可能な限り直線になる構造が望ましい。循環するコミュニティーバスは、どちら周りに循環するかわかりづらいだけでなく、周回の最後の方のバス停付近の人にとれば、時間が掛かることになるため、利用する際の抵抗になることだけは事実である。これは経路の途中で循環が入るコミュニティーバスも同様であり、路線図でなどでは矢印などで循環する方向などを明示する必要がある。

(4) 運行時間や運行日時

コミュニティーバスは、「高齢者の外出促進」という目的で導入されることが多いため、通勤・通学需要を軽視される傾向にある。午前7時台から運行が開始されたとしても、17〜20時台で最終便という路線も多い。早ければ、18時までに最終になってしまうコミュニティーバ

スもあり、帰宅途上の通勤客は使うことはできない。これは需要の問題だけでなく、住宅地内での騒音・振動の問題もあり、夜遅くまで運行すると、住宅地では静寂性が妨げられるため、地域住民からの反発もある。

　コミュニティーバスは、通勤需要より高齢者などの交通弱者の需要を優先して導入される。また第2章で紹介した京丹後市のように、路線バスが成立しない地域では、通学需要に対応させるため、スクールバスを運行しており、車両が遊んでしまう時間帯は、コミュニティーバスとして地域住民を輸送する例もある。

　特定の曜日のみ運行される場合、路線自体は病院の前を通過していても、毎日診察が行われない診療科目を受診できなくなる問題が発生する恐れがある。

　以上のように、コミュニティーバスも2002年2月以降は、民間バス事業者が不採算を理由に撤退した路線をコミュニティーバスとして引き継いで誕生する事例が増えた。この場合は、もともと需要が少なかったこともあり、最初から苦戦を強いられている。「ムーバス」が誕生したときのように、新型の低床式バスを導入できず、減価償却の終わった古いタイプのバスを用いて運行する事例が目立つようになった。

　100円均一運賃を採用したとしても、各自治体の財政事情の悪化や少子化などの影響もあり、昨今ではコミュニティーバスから、より低コストで運行が可能なデマンド型の公共交通への置き換えも進んでいる。

　次項では、コミュニティーバスをデマンド型へ置き換えた千葉県柏市の「カシワニクル」の事例を紹介したい。

(5) デマンド型に移行

　コミュニティーバスとしては成立しないためデマンド型に移行している事例としては、4.1節で紹介した千葉県柏市のデマンド型交通の「カシワニクル」が該当する。

「カシワニクル」には決まった路線や時刻表はなく、その時々の予約に応じて運行経路や時刻を定め、運行区域内の決められた乗降場所(区域外は2カ所)を回り、「乗合」という形を採りながら、それぞれの目的地へ向う公共交通である。

運行は月曜日〜土曜日まであり、午前8時30分〜午後7時(最終降車)である。なお日曜日・祝日および12月29日〜1月3日は運休となる。「カシワニクル」は、図4-1で示すように東武鉄道野田線の逆井(さかさい)駅、沼南の里および旧沼南町地区に400カ所の停留所が設けられている。

出典：柏市資料より

図4-1 「カシワニクル」の路線図

だが400カ所の停留所があると言っても、**写真4-2**で示すような看板などがあるのは、40カ所強である。住宅地などへ入れば、ゴミ置き場などが停留所として機能する。ゴミ置き場であれば、地区の住民が歩いて行ける場所にあるうえ、わかりやすいこともある。

写真4-2 「カシワニクル」の停留所

「カシワニクル」は、**図4-1**で示したようにAエリアとBエリアに分かれており、運賃は区域内の乗車であれば大人が1回当たり300円であるが、区域を跨ぐ場合や逆井駅のように区域外から利用する場合は、500円均一となる。AエリアとBエリアと比較すると、Bエリアは逆井駅などから離れていることもあり、人口も少なくて閑散としている。それゆえ路線バスの本数もAエリアよりも少なく、「カシワニクル」の需要も少ないという。

区域外で乗降が可能な停留所は、逆井駅が唯一である。柏市の住民からは、Aエリアを出た後に、逆井駅までの間に商店などもあるため、「そこで降ろしてほしい」という要望もあるが、区域外となるために、新たに停留所を設けるとなると国土交通省の許可が必要となる。また「カシワニクル」を利用するには、「会員登録」をしなければならない。

予約は、市役所に電話を掛け、住所、氏名、電話番号、生年月日を伝える必要がある。その後は、予約センターへ電話を掛け、乗車希望日時と乗車場所、氏名を伝えればよい。

「カシワニクル」は、沼南タクシーに運行委託しているが、年間の運行委託費は人件費や燃料代などの動力費、そしてサーバーのシステムの運営費を合わせて770万円ほど要する。柏市の予算は2万円/日が上限であり、さらに需要見込みが20人程度/日であることを前提に沼南タクシーと協議をした。

「カシワニクル」の1日当たりの利用者数は、約20名であるが、土曜日などは10〜15名と少なくなる。1年間の予算上限があり、2014年度は年間5,900人(20人×295日)の利用があったため、柏市は年間で約590万円を沼南タクシーに補助している。柏市が行う補助額は、利用者1人当たり1,000円程度となる。

柏市は、沼南タクシーと1年ごとの単年度契約を行っており、毎年、補助額などを契約で決めている。沼南タクシーは、デマンド専用の車両を2台用意している。他の地域では、ステッカーを貼ってデマンド運行する車両は、それが終了するとステッカーを剥がして一般車両として運行するが、柏市の場合は「カシワニクル」専用で、一般営業には従事しない(**写真4-3**)。

写真4-3 「カシワニクル」の沼南タクシー

4.3 コミュニティーバスを有効に機能させるための課題

(1) 「ミニバス・補助金・100円均一運賃ありき」からの脱却

　「コミュニティーバスは、100円均一運賃で安い」と思っている人も多いが、既存の路線バス事業者が委託を受けて運行するコミュニティーバス路線では、収支は他の路線バスとは別立てで管理する。それゆえ事業者が発行するバスカードや1日乗車券が共通で使用できず、定期乗車券も設定されないケースが多い。自治体が発行する福祉乗車証についても、路線によって利用の可否が分かれる。「ムーバス」の場合は、それらが使用できなくても、「100円均一運賃であれば不満がない」として問題にはならなかったが、他の自治体では不満が出ていたりする。

　「ムーバス」が成功したことから、他の自治体もミニバスと補助金を用意して、100円均一運賃でコミュニティーバスの運行を開始しても、赤字続きで運行の継続が難しい事例も多い。

　コミュニティーバスに限らず、普通の路線バスであっても、一度始めると路線の見直しや撤退が困難である。特にコミュニティーバスは、自治体が関係することから、議会対策上の問題もあり、路線の変更や不採算路線からの撤退は難しい。

　乗合バス事業は、高速バス事業を除けば赤字の状況である。東京都区内やその周辺の武蔵野市などでは、人口が密集しているうえ、大型バスによる運行が困難な所では、黒字であるコミュニティーバスも存在する。

　2002年2月の道路運送法の改正による乗合バス事業の規制緩和が実施された後は、採算性の問題から乗合バス事業者が運行しない、または撤退した地域を運行する事例が増えた。大都市周辺でも、ミニバスと補助金を用意して、100円均一運賃で運行を開始する事例が多いが、収支均衡とはほど遠い状況である。まして不採算を理由に乗合バス事業者が撤退した路線を引き継いでも、赤字必至であることは言うまでもない。

このような路線に参入したコミュニティーバスは、営利事業ではなく福祉事業と言える。経常収支では赤字を覚悟せざるを得ないが、交通空白地帯の解消、公共交通の確保という公益的な観点から、市町村から損失補填が行われるのが一般的である。

各自治体自身が、路線、便数、停留所の位置など、コミュニティーバスの基本的な骨格を設計したうえで、地元の貸切バス事業者に運行を委託することも多い。各自治体も、住民・地域団体の要望により路線・停留所を決めて運行開始することが多い。

「住民や地域の要望を聞いている」と言えば聞こえが良いが、需要や人の流れなどを精査せずに導入したりするため、運行地域、運行回数、運行時間帯など、一般的に、需要量に比べて過剰サービスに陥りやすい。

これらのコミュニティーバスの中には、「他の自治体で導入しているから」、または「コミュニティーバスが流行しているから」という安易な理由で導入される傾向がある。特に各自治体の首長選挙や議会議員選挙時には、「周辺自治体の中で、コミュニティーバスが運行されていないのは、我が自治体だけです」といった演説がなされる。

詳しい事情を知らない住民は、「バスが走る」というだけで歓迎する傾向にあるが、だが「走れば黒字」という路線はほとんどないと言っても過言ではない。損失を補填する場合には、税金が使用されることから、交通弱者対策として効果を上げていても、赤字であることを理由に、「税金の無駄遣い」とバッシングを受けるたりする。

そうなると、運行コストを下げるために入札制が採用されたりするが、既存事業者の安定した供給能力などを考慮せず、安値を提示した事業者に運行を委託するなど、別の意味で問題が生じたりする。

(2) 経営面

武蔵野市の「ムーバス」が経営的にも成功したため、多くの自治体でコミュニティーバスを運行する事例が多くなった。

コミュニティーバスによるきめ細かなサービスの提供は評価できる

が、運賃収入だけで採算を採ることは非常に難しい。約1万人の利用がある福岡市の博多・天神地区の繁華街を走る福博循環バスは別格としても、1路線当り1日1,000人を超える例は、「ムーバス」以外にほとんどなく、500人以上が利用する路線もさほど多くないのが実情である。

2002年2月に需給調整規制が撤廃されたことから、市場原理が働かない過疎地などでは、路線バスの廃止が進み、今後は公共交通空白地域の増加が予想される。

しかし自治体の予算が厳しいことから、第2章で「くりちゃんバス」の事例で示したように、新型のミニバスを用意して運行することは難しい状態にあることは勿論であるが、栗東市だけで維持することが難しくなっており、「くりちゃんバス」が乗り入れていた草津市と共同で、「草津栗東ふれあいバス」という形で共同運行するようになり、2016年10月からは、守山市へも乗り入れを始め、「草津栗東守山くるっとバス」となった点に注目したい。

これからの日本では、運行を維持するには補助金や協賛金などが必要であると筆者は考える。そして補助金の財源としては、2009年3月末で道路特定財源が廃止され、一般財源化されたことから、欧州などを参考に「ガソリン税や自動車重量税などの一部を、公共交通の維持やサービス改善に充当できるようにすべきである」と考えている。

しかし税金の無駄遣いを防ぐには、経営に対するインセンティブが働くように、目標管理をしなければならないと同時に、各自治体も情報公開を行い、補助金の際限のない投入を回避するようにしなければならない。

それ以外として「生活バスよっかいち」や「醍醐コミュニティーバス」のように、路線の企業や商店、病院に協賛金を出資してもらい、バス路線を維持する方法もある。企業や商店は月に数万円程度を出資するが、自らが出資することにより、利用者のニーズに見合った運行やサービスが行える利点がある。

さらに昨今では、「ふるさと納税」[注6]という制度が創設された。この制度が設けられたことで、自分が希望する自治体への納税が可能となった。筆者は、「ふるさと納税」という制度を活用して公共交通の維持・活性化を模索すればよいと考えており、納税してくれた人に対しては、鉄道であれば「名誉駅長」に任命するだけでなく、車内などのプレートに名前を刻む形で名誉を与えればよい。路線バスの場合は、バス車両や停留所に名前を刻むか、ネーミングライツとして「ふるさと納税」をしてくれた人も名前をサブネームとして使用する方法も考えられる。

運行経費削減を目的とした定年退職者の採用は、体力的な理由から安全運行をめぐる問題もあるが、ゆとりあるダイヤ設定と運転手に十分な休息を与えれば、今後の少子高齢化社会において高齢者の再雇用となり注目に値する。

(3) 市民の意識改革とNPOの役割

「Cバス」のように、コミュニティーバスを「地域の公共施設」と位置付け、持続可能な「街づくり」をする必要がある。それには、「生活バスよっかいち」や「醍醐コミュニティーバス」の事例から、[下村・堀内]は「NPOによる交通事業経営の可能性と課題」『公益事業研究』2005年3月の中で、図4-2のようにNPOが各自治体・事業者と利用者の間に入り、「交通仲介層」という形で一体となって育成する努力が不可欠であると考える。

自家用車が普及した今日では内部補助の原資を賄うことが難しく、不採算路線の維持には自治体から補助金が充当される。それにより民間事業者は、仕方なく不採算路線の運行を継続しており、財政事情の厳しい自治体には重荷である。

(注6)「ふるさと納税」は、納税者に対して高額な商品を返礼品としてお返しする自治体もあるため、各自治体の財政事情を悪化させるだけでなく、在住の自治体に納税しない人は、行政サービスに対して、「ただ乗り」するフリーライダーという行為が、経済学的・行政学的にも問題視されている。

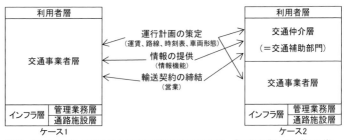

出典:下村・堀内「NPOによる交通事業経営の可能性」『公益事業研究』第56巻 N04［2005］より引用

図4-2 交通サービスの供給形態

さらに自治体・バス事業者と利用者の意識の間には大きな隔たりがあり、利用者のニーズと懸け離れたサービスが提供され、これがバス利用者の減少につながっている。

このような状態で需給調整規制が撤廃されたことから、民間事業者の不採算路線からの撤退が相次いだ。そこで、生活路線を維持するにはNPOが自治体・事業者と利用者の仲介を行い、利用者のニーズに適したサービスおよび効率的な経営を図る必要が生じた。

『立命館経営学』第40巻、第6号「まちづくりとコミュニティーバス」の著者である土居靖範氏は、「行政、バス事業者、住民によるバス運行対策協議会を組織し、利用の実態や問題点を見渡し、創意を持って改善できるようにする必要がある」と述べている。筆者も土居氏と同様に、利用者もこれまでの自治体任せ、バス事業者任せではなく、バスは「自分たちの居住地区の社会インフラ」であるとの自覚が必要だと考える。それゆえバス運行対策協議会の創設に賛成であり、交通仲介層としてNPOの積極的な関わりに期待している。

(4) 創意工夫

創意工夫に関しては、愛知県豊田市の「ふれあいバス」で実施している会員制の採用、滋賀県栗東市の「くりちゃんタクシー」の事例、

地域の自動車学校や旅館の送迎車両を活用し、78条免許[注7]を取得して路線バスとして運行する方法もある。

　会員制の採用は、低運賃・高サービスの公共交通を維持するには、住民の利用がなければ不可能という考えのもとで始まる。1家族を1会員とし、年会費を払ったうえで年間定期券を購入すると、その家族に人数分の定期券が交付されるシステムである。

　この考え方は、第7章で紹介する「クラブ財」という考え方であり、年会費がバスを利用するか否かにかかわらず徴収されることから「基本料金」であり、年間定期券はバスを利用する場合に支払う必要がある「従課料金」であるから、二部料金制となる。

　「くりちゃんタクシー」は、1日当たりの利用者が5名未満と極端に少ない路線で、「帝産タクシー」の4人乗りタクシーをバスとして活用し、予約があれば起点から終点まで運行するデマンド型である。過疎地の住民の足を確保する手段として有効であると同時に、規制緩和で価格破壊の進むタクシー業界にとっても、安定した新規需要開拓の可能性を秘めている。

　自動車教習所や旅館等の送迎車両を活用した78条バスは、車両故障や事故時は自治体が責任を持って対応すれば、安定した輸送サービスの提供は可能である。さらに自動車教習所や旅館には食堂や売店などがあり、多方面への送迎を実施していることから、それらをバスセンターとすれば乗り継ぎサービスの実施も可能となる。そのため政府が進めている構造改革特区内で試験的に実施し、結果が良ければ全国的に普及させたい。

(注7) 78条免許を受けたバスは、白色のナンバープレートを付けている。78条免許は、ボランティアによる福祉の介護輸送や、民間バスが撤退した過疎地において自治体により実施されていた地域もある。自動車教習所や旅館のバスを活用する場合は、専属の運転手がいるので問題は少ない。だが自治体がバスを提供して自治会がバスを運行する場合、運転手の確保や運行の安全管理等で課題も残り、運行管理は自治体が最終的に責任を負う必要がある。

5. バス車両を用いた貨物輸送

5.1 誕生する背景と実施事例

(1) バス車両を用いた貨物輸送が誕生する背景

　過疎地の路線バスを運賃収入だけで維持することは、昔から困難であった。これらの路線を維持するには、大都市圏という需要の多い地域で得た利益で、不採算路線の損失を補填する内部補助を行うことでユニバーサルサービスを維持するか、行政からの補助金で不採算路線が維持されてきた。

　1960年代のように、いまだモータリゼーションが進展していなかった時期は、バス事業者は黒字路線が多く、地方へ行けば花形産業であったが、モータリゼーションが進展し始めると、路線バスの利用者は減少に転じるようになった。そうなると黒字路線が減ることになるため、不採算路線を維持するための利益を賄うことが難しくなってきていた。

　そんな中、2002年2月に道路運送法が改正され、従来は国が需要と供給のバランスを見て供給量を調整する受給調整規制が撤廃となり、これらは市場原理に任せることになってしまった。そうなると不採算路線からの撤退は、バス事業者の判断だけで可能となるため、市場原理が適用しない過疎地などから、路線バスが撤退するようになった。そこに昨今、全国各地の中山間地域などで高齢化や過疎化が進んでいることから、バス事業者の経営環境はさらに厳しくなっているが、各自治体の財政事情も厳しく、補助金で維持することも困難になりつつあり、バス会社の自助努力が求められるようになっている。

　一方、宅配業者も少子高齢化社会の進展により、トラック運転手の確保が困難になりつつあり、また地球温暖化などの環境問題の深刻化などにより、環境に配慮した輸送システムが検討されるようになってきた。

バス事業者の自助努力と関係するが、従来から一般乗合旅客自動車運送事業者(バス事業者)による少量貨物の運送については、道路運送法(昭和26年法律第183号)第82条で「旅客輸送に付随するもの」として、少量の郵便物、新聞紙その他の貨物を運送することが認められているが、この場合は旅客輸送に支障のない範囲でなければ認められない。

その範囲とは、以下の条件を満たす場合である。

① 貨物の大きさや数量で乗車スペースが損なわれない範囲までの物量
② トラック事業の妨げとならないもの
③ 路線不定期運行、区域運行の営業区域内で、旅客の乗車中にとどまらず、運行予約のない場合でも、配車予定時刻に遅れるなどの旅客利便が阻害されない範囲

旅客輸送に付随した貨物輸送であるから、バス車両で貨物輸送だけを実施することはできないだけでなく、座席に貨物を置いた輸送は認められていない。後者は、利用者が利用できなくなったり、貨物で座席を破損したりする可能性もあるからである。

路線不定期運行とは、バス停が定められていて、バス停間を運行する乗合デマンド交通であり、地域運行はバス停が定められていない乗合デマンド交通である。

つまり、定められた営業区域を逸脱した貨物輸送は認められておらず、かつ貨物の積み込みや積み降ろしに時間を要し、利用者が希望する時刻に遅れることは許されないのである。事実、第2章で紹介した京丹後市が運行しているデマンド型の乗合タクシーでは、「貨物輸送も実施する」とあったが、実質的には買い物代行サービスなどであった。タクシー車両で、貨物だけを輸送することは道路運送法で認められていない。タクシーでは、車両後部の荷物室でしか貨物輸送ができず、貨物輸送に制約が生じるうえ、貨物輸送を行っていれば、下手をすれば配車時刻に遅れる危険性がある。そのため買い物代行サービスなど、役務提供を伴う場合のみ、実施が認められている。

京丹後市では、買い物代行サービスと旅客輸送は別の運賃設定となっており、貨物輸送を実施することで旅客輸送に支障が生じないように工夫している。

　路線バスの輸送力にゆとりがあれば、宅配便事業者(トラック事業者)の経営を圧迫しない範囲で貨物輸送を実施すれば、バス会社は増収になる利点がある。宅配業者にとっても、少ないトラック運転手で宅配事業が展開できる利点がある。行政にとれば、路線バスの経営が改善されるため、補助金の投入額が減るうえ、交通事故や道路交通渋滞の減少につながるなど、バス事業者・宅配事業者・行政ともに Win-Win の関係となる利点が挙げられる。以下の項では、実際に「客貨混載輸送」を実施している岩手県北自動車と宮崎交通の事例を紹介したい。

(2) 岩手県北自動車

　岩手県北自動車では、岩手県盛岡市と宮古市を結ぶ都市間路線バスおよび宮古市内から重茂半島を結ぶ一般路線バスで導入している事例を紹介する。バスが重茂に到着すると、岩手県北バスの重茂車庫でヤマト運輸のセールスドライバー(以下 SD と略する)に宅急便を受け渡す流れとなる。

　岩手県の人口は約 130 万人であるが、そのうちの約 100 万人が盛岡市や北上市など内陸部に居住している。一方、中山間地域などでは高齢化や過疎化が進んでおり、自動車が運転できなくなると、通院や買い物などに支障を来すことになり、路線バスなどの公共交通の重要性が高まっている。

　だが交通事業者にとれば、利用者数の減少などから路線網の維持が困難になるケースが増えており、路線網を維持するためには、生産性向上が課題となっている。

　一方の物流業界においても、長距離トラックの運転手は、過労死が多い 3K と言われる職種でもあるため、慢性的に運転手が不足している。運転手が不足すると、物流網の維持が困難になる。そこで物流網を維持するため、物流の効率化が課題となっている。

岩手県北自動車は、岩手県交通と共に岩手県を代表するバス事業者である。岩手県北部のバス事業者は、1938 年 8 月に陸上交通事業調整法が施行されたことや、1941 年に太平洋戦争が勃発すると、ガソリンの統制が行われるようになり、これがバス事業者の経営を圧迫するようになった。そこで 1942 年に岩手県北部のバス事業者は、経営統合されて岩手県北自動車が設立されたことから、今日でも岩手県北エリアを中心とした広域のバス路線網を展開している。1978 年より、盛岡〜宮古間を国道 106 号線を経由して結ぶ 106 急行バスの運行を開始したことから、それ以降は高速バス事業を積極的に展開するようになった。またバス事業のみならず、宮古市の浄土ヶ浜を中心に観光船事業も展開しているが、中山間地の過疎バス路線が多い。
　そのような地域では、自治体と緊密に連携を図りながら、効率的で長期持続可能な公共交通体系の構築に向けて取り組んでいる。
　ヤマト運輸は宅配貨物輸送の大手企業であり、「宅急便」が有名であるが、それの成功を受け、「クール宅急便」や「ゴルフ宅急便」など、様々な商品を開発している。そして全国の自治体や企業と連携し、「見守り支援」や「買い物支援」などのサービスを提供する「プロジェクト G(Government)」を推進しており、「地域密着や地域貢献」を社是としている。
　岩手県においても、高齢者の見守りと買い物支援を組み合わせた「まごころ宅急便」を展開し、地域に根ざしたサービスを行っている。
　これまで、ヤマト運輸は岩手県北上市の物流ターミナルから宮古営業所へ、大型トラックによって幹線輸送を行い、さらに宮古営業所から約 18km 離れた重茂半島まで集配車両で輸送していた。これでは効率が悪いため、岩手県北バスとヤマト運輸は相互連携を図り、バス路線の生産性向上と物流の効率化を実現するために、路線バスを活用した宅急便輸送「貨客混載」を開始した。
　この取組みでは、**図** 5-1 で示すように、物流ターミナルから宮古営業所までの途中にある盛岡西(青山)営業所までは、大型トラックで幹線輸送する。そして主に同営業所で、重茂半島行きの宅急便を、「都市

間路線バス」に積み込んでヤマト運輸の宮古営業所まで輸送するようにした。ヤマト運輸の宮古営業所で、宮古止まりの宅急便のボックスと重茂行きの宅急便のボックスとに分ける。

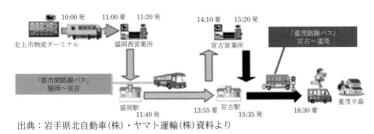

出典：岩手県北自動車(株)・ヤマト運輸(株)資料より

図 5-1　岩手県北自動車の客貨混載輸送図

また宮古営業所から重茂半島までを「重茂路線バス」で輸送し、岩手県北自動車の重茂車庫でヤマト運輸の SD に宅急便を受け渡すようにした。

バス車両で一定量の宅急便を積載できるように、「都市間路線バス」と「重茂路線バス」の車両後方の座席を減らして、荷台スペースを確保した(**写真 5-1**)。これは「都市間路線バス」は、乗降用の扉が狭いだけでなく、通路も狭いため車両後方にしか荷台スペースが確保できないためである。荷台スペースには専用ボックスを搭載し(**写真 5-2**)、その中に宅急便を入れて輸送する。そのため専用ボックスの積み込みや積み降ろしは、フォークリフトを用いて行わなければならない(**写真 5-3**)。

ただし、路線バスに搭載できる個数は、最大で 2 個までと法律で決められているが、車内で作業を行うことや、積み込みと積み降ろしを円滑に行うためには、荷台スペースは広めに確保しなければならない。また幸か不幸か、筆者が取材した 2016 年 4 月 19 日は、盛岡から宮古へ行く宅急便が多く、専用ボックスは 2 つとも満杯となり、盛岡から重茂へ向かう宅急便が入った専用ボックスは、盛岡からトラックで宮古へ輸送することになってしまった。

写真 5-1　車両後方の荷台スペース

写真 5-2　荷台スペースに搭載された専用ボックス

　「都市間路線バス」には、「ヒトものバス」と銘打ったラッピングを施している(**写真 5-4**)が、荷台スペースを設けた関係で座席定員が少なくなった。このバスは、利用者が比較的少ない 11:30 に盛岡駅を出発する便で使用されるが、GW やお盆、年末年始などの多客期には積み残しを出す危険性がある。そうなりそうな場合は、急遽、臨時便を出して対応するという。

5. バス車両を用いた貨物輸送　97

写真 5-3　専用ボックスの積み込み(降ろし)はフォークリフトを使用

写真 5-4　「ヒトものバス」とラッピングされた「都市間路線バス」

　路線バスの空きスペースで荷物を輸送することにより、バス路線の生産性が向上することになる。これによりバス路線網の維持も可能となり、地域住民の日常生活の足が確保できるため、生活基盤の維持・向上につながる。

　さらに物流の効率化と CO_2 排出量の低減にもなり、環境負荷の低減も実現する。特に重茂半島を担当する SD には、効率化のメリットが大きいようだ。従来は、重茂半島を担当する SD は、午後の便で入る重茂半島行きの荷物を宮古営業所まで取りに戻っていた。それがバスで混載輸送されることで、荷物を取りに戻る必要がなくなるため、集配効率が上がったという。また従来は、重茂半島行きの荷物は、他の

地域と混載で輸送されていたため、ヤマト運輸の宮古営業所で重茂半島行きの荷物を仕分けしていた。

だがバスで輸送するとなれば、地域ごとの専用のボックスに入れて輸送するため、宮古営業所で宮古止まりの荷物と重茂行きの荷物を仕分ける作業がなくなり、作業効率も向上した。このことはヤマト運輸にとっても、地域住民へのサービス向上につながった。

(3) 宮崎交通

宮崎交通は、宮交ホールディングスの傘下ではあるが、宮崎県のほぼ全域をカバーするバス路線網を保持し、年間約1,000万人を運ぶ県内最大手のバス事業者である。

宮崎交通が宮崎県内の輸送を独占していると言っても、過疎地の路線も多く抱えている。宮崎交通は、自治体や地域企業と緊密に連携を図りながら、効率的で持続可能な公共交通ネットワークの構築に向けて取り組んでいるが、各自治体の財政難などもあり、バス事業の継続と生活路線の維持が喫緊を要する課題になりつつある。この問題は、宮崎県に限ったことではなく、日本全国の中山間地域などでは、過疎化や高齢化が進んでいる。

宮崎交通の路線バスを活用してヤマト運輸の宅急便の輸送を行う路線は、宮崎県の西部に位置する西都市東米良地区と西米良村を結んでいる。両地区の人口は年々減少し、高齢化率も約40％になるなど、県内でも特に過疎化や高齢化が進んだ地域である。

このような問題は、宮崎交通だけで解決できる問題ではないため、宮崎県も平成23年3月に制定された宮崎県中山間地域振興条例に基づく「宮崎県中山間地域振興計画」（平成23年9月策定で、平成27年7月改定）により、中山間地域の課題解決や活性化に向け、住民の安全・安心な暮らしの確保などに取り組んでいるが、地域住民のニーズに十分に応えられているとは言えない状況にあった。

では何故、宮崎交通がヤマト運輸と提携して、西都市～西米良村間で自社の路線バスを用いて、宅急便の輸送を始めるようになったかで

ある。このようなことを実施するとなれば、ヤマト運輸にも利点がなければならない。

これまでヤマト運輸は、西都市東米良地区と西米良村の客に宅急便を配達する際、西都市にある西都宅急便センターから約50kmの道のりを約1時間半かけて集配車両で輸送していた。また両地域の客から集荷した荷物は、西都宅急便センターに輸送するため、当日発送の集荷の締め切りが15時頃となっていた。

それなら宮崎交通とヤマト運輸が提携し、宮崎交通の路線バスの車両を用いて、宅急便の輸送を行えば、バス路線網の維持と物流の効率化による地域住民の生活サービス向上が実現する。そこで両者以外に、宮崎県、西都市、西米良村は相互連携を図り、2015年10月1日からは、西都バスセンター～西米良温泉ゆたーと間を結ぶ路線バスで、宅急便を輸送する「客貨混載」を開始した(**写真 5-5**)。

写真 5-5　客貨混載の宮崎交通路線バス

宮崎交通が実施する客貨混載輸送の様子を**図 5-2**で示す。西都市内から西米良村へ向かう場合、ヤマト運輸のセールスドライバー(以下：SD)が、小包を西都宅急便センターから宮崎交通の西都バスセンターに輸送し、そこで路線バスに積み込む。積み込みに際しては、バスにはステップがあるため、レールを敷いて滑らせるようにして積み込む。

また路線バスの車内には、**写真 5-6** で示すように小包を収納するケースが設けられている。西都市にある東米良診療所や西米良村にある村所のバス停留所にバスが到着すると、それぞれの地域を担当する SD に小包を引き渡す。

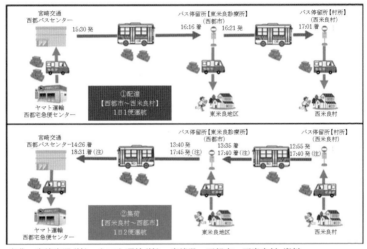

出典：宮崎交通(株)・ヤマト運輸(株)・宮崎県・西都市・西米良村 資料

図 5-2　西都市から西米良村間の客貨混載輸送図

写真 5-6　車内の小包収納ケース

西米良村(西米良温泉ゆたーと)から西都市へ向かう場合は、SD が村所と東米良診療所のバス停留所で路線バスに積み込み、宮崎交通の西都バスセンターで SD に引き渡す。

　宅急便の内訳ではお中元やお歳暮が主流であるが、西米良村から西都市へ向かうバスには、西米良村で生産された柚子などを運んでいるという。ただこの路線は、毎日、小包があるとは限らないが、なかった場合であっても、必ず SD が来て、その旨を宮崎交通の運転手に伝えている。また 2017 年 1 月 17 日からは、路線バス車内に保冷専用ボックスを搭載して、クール宅急便に対応した「客貨混載」輸送を開始した。路線バスの車内に保冷専用のボックスを設置したのは、日本で初めてである。

　宮崎交通とヤマト運輸による客貨混載輸送は、2016 年 6 月 1 日からは、延岡市〜高千穂町を結ぶ路線バスと、諸塚村〜日向市を結ぶ路線バスの回送便で宅急便の輸送を開始した。延岡市〜高千穂町への客貨混載輸送の実施により、当日中の配達が可能となった。高千穂町で 9 時 15 分までに預かった宅急便を延岡市へ、延岡市で 11 時 30 分までに預かった宅急便であれば、当日中に高千穂町に届けられるようになり、サービスが向上しただけでなく、延岡市から高千穂町まで約 50km かけて輸送していたトラックの走行距離が 10 分の 1 の 5km となり、CO_2 排出量の削減にもつながった。

　諸塚村〜日向市を結ぶ路線バスの回送便による客貨混載輸送に関しては、ヤマト運輸の SD が諸塚村と美郷町で集荷した宅急便を輸送することにより、両地域を担当するヤマト運輸の SD が、日向市の東郷美郷センターに戻る必要がなくなった。その結果、地域に滞在する時間が増え、当日発送の集荷締め切り時間を 15 時から 17 時までと 2 時間遅らせることが可能となり、サービスが向上した(図 5-3)。

　バス車両を用いて客貨混載輸送を実施するには、宮崎交通の運転手とヤマト運輸のセールスドライバーの連携が重要と言える。

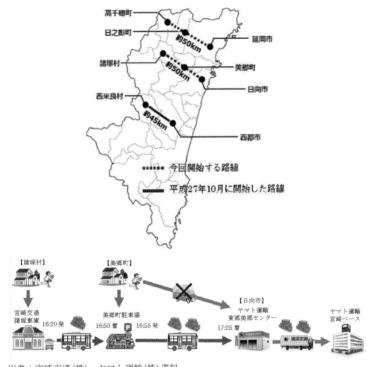

出典:宮崎交通(株)・ヤマト運輸(株)資料

図 5-3　宮崎交通の客貨混載輸送図

5.2　バス車両による貨物輸送が成立する条件と課題

(1)　どのような路線に導入すべきか

客貨兼用のバスを導入するには、貨物専用のスペースを確保する必要がある。そうなると一般の乗合路線では、朝夕のラッシュ時の混雑がひどい路線では導入できない。またマイクロバスや日野のリエッセのようなコミュニティーバスで使用されるミニバスでは、そのようなスペースを確保することが難しい。

宮崎交通の西都バスセンターから西米良村間を結ぶ路線では、車両の真ん中付近にある乗車口に近い部分に、貨物置場を設置しており、積み込み・積み降ろしはレールを滑らす形で実施される（**写真 5-7**）。この路線は、片道の1便当たりの利用者が5名程度であるため、貨物を積載するスペースを設けても、混雑することもなければ、サービス上、問題も生じない。

写真 5-7　宮崎交通路線バスの車両中央にある貨物置き場

 また路線長も重要であり、もし路線長が10km程度の路線であれば、バスがヤマト運輸の営業所などに立ち寄る時間的ロスなどを加味して考えると、トラックでそのまま輸送した方が効率的である。宮崎交通の西都バスセンターから西米良村は、片道50km以上あるうえ、起点と終点の近くなどに、ヤマト運輸の営業所があるため、客貨混載輸送が成立する。

 次に岩手県北交通が実施している盛岡～宮古間の都市間路線であるが、こちらはトップドア式のバスであり、車内には2-2の横4列の座席が並んでいる（**写真 5-8**）。このような路線のバスの場合、前1カ所しかない乗降口が狭いため、貨物の積載スペースは車両後部へ設けざるを得ない。都市間路線のバスは、停車する頻度が少ないため、低床

式である必要性はなく、防音性や眺望を考慮してハイデッカー式となっている。荷役するには、ヤマト運輸の営業所で、フォークリフトなどを用いて実施しなければならない。

写真 5-8　岩手県北交通「都市間路線バス」の車内

都市間路線のバスの場合、朝に宮古から盛岡へ向かう便は、岩手県庁や盛岡市役所を経由するため、出張のビジネスマンで満席になることも多く、そのような時間帯では客貨混載は実施できない。また GW やお盆、年末年始などは、どの便のバスであっても帰省客なども加わり、バス自体が混雑するため、臨時便を出して対応しなければならない。こちらは盛岡や宮古から 2km 程度の場所に、ヤマト運輸の営業所などがある。

客貨混載で使用されるバス車両は、当該路線や便専用と運用が固定されてしまうため、他の路線や便で使用するというような、柔軟な運用は組みづらくなる。

2015 年 10 月に宮崎交通から始まり、続いて岩手県北交通が実施した「客貨混載輸送」であるが、2016 年 9 月 27 日より、名士バス[注1]・

(注 1)　名寄市に本社を置くバス事業者である。

士別軌道[注2]・十勝バス[注3]・ヤマト運輸の 4 者が、北海道内で名士バスが恩根内線と下川線、士別軌道が朝日線、十勝バスが帯広陸別線で「客貨混載」を開始した。

(2) 駐車スペースの確保

路線バスに宅配貨物を搭載するとなれば、積み込みのスペースとそのための時間が必要になる。宮崎交通の西都バスセンター～西米良村間を結ぶ路線は、西都バスセンターで積み込んで、途中の東米良診療所と終点の西米良温泉ゆたーと手前にある村所で積み降ろす(**写真 5-9**)。西米良温泉ゆたーとから西都バスセンターへ向かうバスは、その逆となる。途中で積み込みや積み降ろしを行うため、通勤・通学客などの急いでいる人が多い路線では、このようなことは実施できない。

写真 5-9　宮崎交通のバス待機場所

この路線では、東米良診療所と村所の 2 カ所で積み込みや積み降ろしを行うが、主に高齢者の生活路線であるため、通勤・通学などで急ぐ人が利用したりしない。西米良温泉ゆたーという公共浴場へ出掛ける観光客もいるが、時間に対する優先度は高くない。東米良診療所や

(注2) 士別市に本社を置くバス事業者である。
(注3) 帯広に本社を置くバス事業者である。

村所には、バスだけでなく、トラックを駐車させるだけのスペースが確保されている（**写真 5-10**）。

写真 5-10　バスおよびトラックの駐車スペース

　岩手県北自動車の事例では、盛岡から宮古・重茂へ向かう貨物は、盛岡市にあるヤマト運輸の盛岡西（青山）営業所で、フォークリフトを用いてバス車両の後部に設けられた貨物スペースに積み込む。そして盛岡駅まで回送し、そこから宮古駅までお客さんを乗せて運転する。宮古駅に到着すると、お客さんを降ろした後で、ヤマト運輸の宮古営業所までバスを回送させる。ここで貨物の入ったケースを、フォークリストを用いて降ろす。

　重茂行きの貨物の入ったケースは、重茂行きのバスが回送で入って来たときに、バス車両の後ろにフォークリフトを用いて積み込み、積み終わると宮古駅へ回送する。宮古駅から重茂までお客さんを乗せて運行した後、バスが重茂に到着すると、お客さんを降ろしたあとで、バスをヤマト運輸の重茂営業所まで回送させ、重茂行きの貨物をフォークリフトを用いて降ろす。

　岩手県北自動車の事例では、ヤマト運輸の盛岡西（青山）営業所や宮古営業所、重茂営業所には、路線バスが駐車するスペースが確保されている。客貨混載輸送を実施しようとすれば、バスとトラックの両方

を駐車させて置くためのスペースが必要である。またヤマト運輸の営業所内の混雑もあるため、バス事業者が希望する時間帯にバスが入れるとは限らない。盛岡駅 11:30 発の宮古駅行きのバスは、11:00 前に荷役を終えて出発していた。盛岡西(青山)営業所から盛岡駅まで、バスの所要時間は 5〜10 分であり、バスは盛岡駅のバス乗り場に 11:25 に入線したことから、場合によれば途中で時間調整のための駐車スペースも必要となる。

以上のことから、客貨混載の実施には、以下の条件を満たさなければならない。

① 客貨混載を実施する地点の近くに宅配便の営業所がある。
② 路線長が 20km[注4]以上。
③ 混雑していない路線や便である。
④ 荷役する場所では、バスとトラックの両方を駐車しておくためのスペース。
⑤ 運送事業者が希望する荷役時間に対し、バス事業者の都合が合わない場合は、時間調整用のバスの駐車スペース。

バス車両を用いた客貨混載輸送は、バス事業者の赤字解消や運送事業者のドライバー不足の解消に対して有効な手段ではあるが、上に挙げたような様々な障壁があるため、どこでも実施できる施策ではなく、可能な場所や路線は限られるような気がする。またバス車両の運用が固定され、柔軟な運用がしづらくなることから、バス事業者は効率性が低下する危険性もある。実施に対しては、慎重な検討が必要と言える。

(注 4) 恩根内線・下川線は名士バスが運行するが、路線長は 20km である。朝日線の路線長も 20km であるが、士別軌道が担当する。帯広陸別線の路線長は 35km あり、十勝交通が担当する。

第 II 部

デマンド型輸送の現状と課題

6. デマンド型輸送

6.1 デマンド型輸送が誕生する背景

(1) 地域公共交通活性化再生法の成立

　交通産業は規制の強い産業であったが、1990年代の終わりごろになると、規制緩和が議論されるようになった。規制緩和を実施して市場原理を導入し、サービス向上や経営の効率化を図ることは、決して間違っているとは言えない。規制緩和を実施して市場原理を入れるということは、当然のことながら市場原理が適用できない路線や地域が存在することから、同時にセーフティーネットを整備して、代替交通が確保されるように配慮すべきだった。

　だが、これを行わずに規制緩和を実施して市場原理を導入したため、日常生活に支障を来す人が増加するという問題が顕在化してしまった。これではまずいと思った当時の自民党・公明党政府は、2007年5月25日に地域公共交通活性化再生法を成立させ、2007年10月1日からスタートさせた。

　この法律が成立した背景が重要である。この頃になると、地域の鉄道や路線バスのなど公共交通の置かれた状況が厳しさを増しており、このまま市場原理にだけ任せていたら地方の公共交通は壊滅的な状態になる、という強い危機感があった。そこで地域公共交通の活性化・再生に関して、市町村を中心とした地域関係者の連携による取組みを、国が総合的に支援することにした。

　バス事業に関しては、BRT(Bus Rapid Transit)の整備、オムニバスタウン[注1]の推進にも、自治体が導入費用を助成する場合は、起債が可能となった。

(注1) 第4章の注5参照(p70)。

地域公共交通活性化再生法の施行により、地方自治体は公共交通事業者、道路管理者、公安委員会、利用者などで構成する地域協議会を設立することが可能となった。そして地域公共交通の活性化・再生を、総合的かつ一体的に推進するための「地域公共交通総合連携計画」を作成することができるようになった。地域協議会の設立に関しては、地域公共交通活性化再生法の第六条で定められており、この法律の重要な点である。

　予算面では、地域公共交通総合連携計画の策定経費への支援[注2]関係予算を可能な限り重点配分することや、そのための配慮が挙げられる。

　地域公共交通活性化・再生総合事業計画(以下：総合事業計画)とは、法定計画である地域公共交通総合連携計画に定められた事業の中でも、協議会が取り組む事業を取りまとめたものである。協議会が取り組むこれらの事業は、計画を実行する際の立ち上げの段階で国の支援を受けている。

　総合事業計画に定められる事業に要する経費のうち、実証運行(運航)は国から1/2の補助が実施され、実証運行(運航)以外の事業では同じく1/2が国から補助されるが、政令市が設置する協議会が取り組む事業の場合は、国からの補助は1/3である。

　協議会の裁量を確保するため、事業をメニューで一括支援することにした。これにより、メニュー間や年次間における事業の柔軟な実施をめざした。その他、地域の実情に見合った協調負担や成果を事後評価することにより、効率的で効果的な事業の実現をめざした。

　地域協議会を設立して交通事業者や自治体関係者、利用者、学識経験者が一堂に会して、地域の公共交通の活性化を議論できる場が設けられたことは、大きな進歩であった。また地元にも費用を負担させることで、身の丈にあった事業が展開できる。さらに事後評価が導入さ

(注2) 地域公共交通総合連携計画の策定経費への支援は、上限が2,000万円と定められていたが、計画策定調査事業の実績を踏まえ、1,000万円程度を想定していた。

れたことも評価すべきである。そうすることで、事業のやりっぱなしにはならず、かつ補助金のばら撒きに歯止めが掛かる。

加えて、実証運行(運航)にも補助金が支給されるようになったことも評価したい。これにより、公共交通の空白地域にコミュニティーバスやデマンド型の乗合タクシーを運行することも容易となり、乗車率が良ければ定期運行(運航)につながる。この場合の財源は、ふるさと雇用の資金が充当されることもあり、やる気のある自治体にとれば良い制度である。

(2) 地域公共交通活性化再生法の問題点

このように、やる気のある地域の自治体には、地域公共交通活性化再生法は効果的な法律である。だが逆の見方をすれば、やる気のない地域の自治体は、置き去りにされる可能性もある。

地域協議会を作って、公共交通事業者や自治体関係者、利用者などが一堂に会することは、公共交通の活性化に向けたやる気はあると言える。しかし各自治体が、地域公共交通総合連携計画を作成できるようになったということは、別の見方をすれば、国の関与が後退したことを意味する。

従来のような一律的な補助ではなく、公共交通存続や活性化にやる気のある地域に集中的に支援することになったのである。支援を受けるには、地元の関係者と交通事業者が協議を行い、策定した「再生計画」が必要である。これにより補助の優先的な採択や補助率の嵩上げが行われる。

このように「選択と集中」が行われるようになった背景には、国の財政難が挙げられる。国としては、地方のことは地方の判断で決定してほしいという思惑がある。霞が関で、地方のことをすべて把握することは困難である。地方自治体が地域協議会を開催できるようになったが、単一の自治体だけで完結する場合は、協議会の開催も容易であるし、議論もまとまりやすい。

しかし複数の自治体に跨る場合は、調整に難航することが予想され、協議会の開催が危ぶまれる。鉄道・路線バスともに、運営費に対する補助金が支給されないため、「地方鉄道や路線バスが本当に活性化・再生するのか」などの懸念材料があった。

表6-1に、地域公共交通活性化再生法(改正法も含む)の成立により、可能となった項目を挙げた。

表6-1 地域公共交通活性化再生法の成立により、可能となった項目の一覧

可能となった項目	備　考
LRT(Light Rail Transit)の整備	公設民営による建設と自治体の起債が可能
BRT(Bus Rapid Transit)の整備	自治体の起債が可能
地域協議会の設立	「地域公共交通総合連携計画」の作成が可能
実証運行(運航)	1/2の補助金が支給される
公有民営の上下分離経営(2008年から)	「公」がインフラを所有

出典：堀内重人『地域で守ろう！鉄道・バス』学芸出版社、2012年1月刊より加筆のうえで引用。「土居靖範『生活交通再生－住みつづけるための"元気な足"を確保する－』自治体研究社、2008年11月、堀内重人『鉄道・路線廃止と代替バス』東京堂出版、2010年4月、国土交通省HP http://www.mlit.go.jp/ などを基に作成」

(3)　地域公共交通確保維持改善事業への移行

2009年8月の総選挙で大勝した民主党は、同年9月16日に鳩山内閣を発足させた。そして自民党・公明党時代の無駄遣いを洗い直す意味合いもあり、同年11月の行政刷新会議を開き、事業仕分けを行った。

事業仕分けには強制力はないが、自民党・公明党時代に実施されていた「地域公共交通活性化・再生総合事業費補助」という制度が、「直ちに廃止」と結論づけられた。そうなると代替制度を設ける必要が生じたため、民主党政府は2010年10月「政策コンテスト」を実施し、パブリックコメントとして国民の要望を採り入れ、2011年度の予算を編成した。

民主党に政権が交代すると、マニュフェストに掲げた「子供手当」「公立高校の無償化」「農家の個別補償」「高速道路無料化」[注3]などを実現するため、民主党政府の財政事情が厳しい中、一般会計の予算が約92兆円まで膨らんでしまった。そこで事業仕分けを行って無駄を削ろうとしたのであるが、2011年度の予算を編成するに当たり、「元気な日本復活特別枠」として1兆円程度の予算枠が与えられ、要望の順位付けを行う評価会議が、2010年12月1日に開催された。

寄せられた意見は5,526件にもなり、全189事業の中で公共交通事業は9位にランクされ、95％の人が肯定的であった。政策コンテストでは上位にランクされ、ほとんどの人が肯定的であったならば、「A判定」が出て当然であるが、民主党が公共交通事業に下した結果は、A〜Dの四段階評価の中で「B判定」だった。判定の基準は、マニュフェストの実現や経済成長および雇用拡大が優先された。「国民の要望に耳を傾ける」と言えば聞こえは良いが、別の見方をすれば民主党政府は、マニュフェストに掲げた「高速道路無料化」の方を、「公共交通」よりも優先させてしまった。

民主党の支持基盤は、JR総連や私鉄総連などの交通事業者の労働組合であるから、自民党時代よりも公共交通を重視した政策を実施すると、筆者は思っていた。だが予想に反して「B判定」が下されたことから、公共交通事業は「低コスト化、真に必要な分野・地域への重点化が条件」となり、必要最低限の公共交通を維持することとした。そこで地域公共交通に関しては、「地域公共交通確保維持改善事業‐生活

(注 3) 高速道路の原則無料化の方針の下、社会実験を通じて影響を確認しながら、2011年度より段階的に無料化を実施することになった。地域経済への効果だけでなく、渋滞や環境への影響などの負の要素も把握するため、高速道路無料化の社会実験が2010年6月28日より、通行量の少ない地方の高速道路から開始された。

2011年2月9日には実験区間を拡充する案が発表されたが、その後、同年3月11日に発生した東日本大震災の復旧・復興費用を賄うため、同年6月19日限りで終了したが、廃止ではなく「一時凍結」とされている。予算が一時凍結されたことにより、1,000億円が復旧・復興費用へ回された。

交通サバイバル戦略」を実施することになった。

　これは「地域公共交通確保維持事業」「地域公共交通バリア解消促進事業」「地域公共交通調査事業」の3つの事業から成り立っており、各種補助制度や予算などを統合のうえで見直した。そして独立採算で公共交通の維持・確保が困難な地域は、公共交通を効率的に維持・確保するために必要な支援やバリアフリー対策を行うとしている。そのため当初は453億円の予算を要求していたが、2011年度の予算編成の過程で、「元気な日本復活特別枠」を含む既定予算の1.4倍に当たる305億円を投入することになった。支援に当たっては、従来の運行(運航)欠損額の事後的な補填方式から、効率化された標準的な事業費等を前提とした事前算定方式に変更した。これにより、効果的・効率的な支援を実施するとしている。

　だが投入予算は増えたが、欠損補助の対象が架橋されていない離島航路や航空路、自治体が補助を行わない路線バスや福祉・乗合タクシー(デマンド交通)などである。もし「A判定」が出ているか、「高速道路の無料化」などを掲げなければ、公共交通に投入する予算も大幅に増えたと考える。高速道路の無料化に関しては、2010年度で1,000億円、2011年度の当初は1,200億円の予算が計上されていた。

　これだけの予算を公共交通に回せば、試験運行(運航)や増発などにも補助金が投入できる。さらに鉄道であれば、電化や複線化に対する補助が実施され、路線バスに関してはバス停の上屋やベンチの設置に対しても、補助金が支給できたと考える。

(4)　生活交通サバイバル戦略の評価すべき点と問題点

　自民党・公明党時代に成立した地域公共交通活性化再生法により、2009年の総選挙で民主党に政権が交代した後も、2010年度の「地域公共交通活性化・再生総合事業費補助」では、**表6-2**で示すような形で予算が配分されていた。

　「地域公共交通活性化・再生総合事業費補助」は、民主党政権が実施した事業仕分けの結果、「廃止」となってしまったため、2011年3月

末で廃止された。「地域公共交通活性化・再生総合事業費補助」は廃止されたが、民主党は公共交通の重要性を「B判定」とした。「B判定」であるから、喫緊を要する課題とまで重要視されないが、必要最低限の公共交通は維持しようという位置付けである。

表6-2 「地域公共交通活性化・再生総合事業費補助」の内訳

項　目	予　算
地域公共交通活性化・再生総合事業	40億円
地方バス路線維持対策	68億円
離島航路補助	48億円
離島航空路運航費補助	5億円
LRTシステム整備費補助	1.5億円
鉄道軌道輸送対策事業費補助	20億円
交通施設バリアフリー化設備等整備費補助の一部(鉄道)	29億円
公共交通移動円滑化(バス)	8億円

出典：堀内重人『地域で守ろう！鉄道・バス』学芸出版社、2012年1月刊から引用。「愛知県田原市 HP http://www.city.tahara.aichi.jp/section/somu/pdf/11/06-1.pdf #search ='地域公共交通確保維持改善事業'を基に作成」

表6-3 「地域公共交通確保維持改善事業 - 生活交通サバイバル戦略」による事業の内訳

項　目	内　訳	予　算
地域公共交通活性化・再生総合事業経過措置	2011年度に2年目、3年目となる事業が対象	39億円
地域公共交通確保維持事業	陸上交通の確保維持	100億円
	離島航路確保維持	60億円
	離島航空路の確保維持	2.5億円
地域公共交通バリア解消促進事業	地域鉄道の輸送対策	45億円
	鉄道のバリアフリー化	29億円
	バス・タクシーのバリアフリー化	8億円

出典：堀内重人『地域で守ろう！鉄道・バス』学芸出版社、2012年1月刊から引用。「愛知県田原市 HP http://www.city.tahara.aichi.jp/section/somu/pdf/11/06-1.pdf #search ='地域公共交通確保維持改善事業'を基に作成」

そこで代替となる制度として、2011年4月1日からは、「地域公共交通確保維持改善事業‐生活交通サバイバル戦略」をスタートさせた。2011年度の予算(「地域公共交通確保維持改善事業‐生活交通サバイバル戦略」)では、**表6-3**で示した予算が計上された。

「地域公共交通確保維持改善事業‐生活交通サバイバル戦略」と「地域公共交通活性化・再生総合事業費補助」の予算配分を比較すると、2011年度の予算では地方バス路線維持対策費が皆無となった(注4)。

バリアフリー対策に対しては、「地域公共交通バリア解消促進事業」の一環として補助金が支給されるため、ノンステップバスの導入や福祉タクシーの導入が促進される可能性が高い。またフェリーなどの旅客船や鉄道駅、旅客ターミナルなどをバリアフリー化する際にも、「地域公共交通バリア解消促進事業」の一環で補助金が支給される(注5)。そして利用環境の改善としてLRT、BRT、ICカードなどの導入は、バリアフリー化された街づくりの一環として、支援することになっている。BRTの整備(車両とバス停)、ICカードシステムの整備(システム開発と施設整備など)に関しては、新たに1/3の補助率が設けられた。これらは地域公共交通バリア解消促進事業の予算から充当される。つまり低床式の車両の導入というハード面のバリアフリー化や、小銭を気にせずに乗車が可能なICカードの導入というソフト面のバリアフリー化に補助金が支給されるため、ハード・ソフトの両方でバリアフリー化が進むことになった。

だが「地域公共交通確保維持改善事業‐生活交通サバイバル戦略」は、生活交通が存続の危機に瀕している地域などで需要に応じた最適な移動手段の提供と、駅のバリアフリー化など、移動上の様々な障害

(注4) 離島航路に関する補助は、2010年度の48億円から、2011年度は60億円に増額されている。その一方で離島航空路関係では、2010年度の5億円から2011年度は2.5億円と半分になっている。

(注5) 2010年度に1.5億円計上されていたLRTシステム整備費補助は、2011年度は計上されなかった。地域公共交通バリア解消促進事業の予算として、LRTの車両購入および電停関係の補助率が、1/4から1/3に拡充された。

を解消することが目的である。「地域公共交通確保維持事業」は、基本的に鉄道だけでなく、地方自治体が損失を補填している路線バスも、補助の対象になっていない。

　地方自治体が補助を行う路線バスや橋梁がある航路を運航するフェリーなどに対する欠損補助が実施されず、試験運行（運航）や増発に対する補助も実施されない[注6]。そうなると、より運行コストが低いコミュニティーバスや福祉・乗合タクシー、デマンド交通などへ転換が進む可能性が高い。

　デマンド交通は補助の対象であるが、新規に開設するデマンドだけであり、鉄道駅に乗り入れるか、国が補助する路線バスに接続しなければならない。

　筆者は、各自治体が乗合バスを廃止して、国から欠損補助がもらえるデマンド型の公共交通へ移行させることを恐れている。実際に滋賀県高島市では、コミュニティーバスからデマンド型公共交通への転換が実施された。

　デマンド型の公共交通は、「効率的である」という意見が多いが、滋賀県のように路線と時刻があって、利用したい日時とバス停名を予約するタイプであれば、予約が重なっても問題は少ないが、中には利用者の希望する日時と場所へ迎えに行くデマンド型の公共交通も存在する。後者のようなデマンド型の公共交通の場合、予約が多数入ると各個人に個別に対応しなければならなくなるため、乗合バスよりも非効率になってしまう。またデマンド型の公共交通が導入された地域では、乗車時に住所・氏名・生年月日が書かれた「登録証」の提示が求められることもある。個人情報を知られるのが嫌なため、登録しない人もいる。つまりデマンド型の公共交通は万能ではないのである。そのため、国から欠損補助が支給されるというだけの理由で、乗合バスを廃止してデマンド型の公共交通へ移行することは慎重にならなければならない。

（注6）フェリー航路の廃止が進む可能性が高いと筆者は考える。

「地域公共交通確保維持事業」として補助を受けるには、まずは都道府県、地方自治体、交通事業者および交通施設管理者で構成する「生活交通ネットワーク協議会」の開催が必要である。そして生活交通ネットワーク協議会での議論を基に、地域の特性・事情に応じた最適の交通手段提供するための「生活交通ネットワーク計画」の策定がなければ、補助金は支給されない。そうなると2011年3月11日に発生した東日本大震災の被災地では、生活交通ネットワーク協議会すら開催できない状況にあることも考えられる。

生活交通ネットワーク会議が開催できなければ、生活交通ネットワーク計画は策定できない。そうなると政府は、複数の自治体に跨る路線バスや橋梁がない離島フェリーや航空路に対する支援ができなくなる。そのため運行（運航）再開が困難になる恐れもある。

このような事態を回避するには、筆者は地域住民の日常生活の足を確保することを前提に、地元の議員や有識者が中心となった暫定委員会を開催して、生活交通ネットワーク会議が開催できるまでの特例措置とする必要があると考える。

今回の東日本大震災の被害は広範囲に及び、被災地域の中には陸前高田市のように街全体が津波などで流されてしまい、「生活交通ネットワーク協議会」すら開催できない地域もある。その辺の事情も考慮することは当然であり、公共交通の問題を街づくりと一体地なった包括的な復興計画を立て、それに見合った対応が求められる。

6.2 交通政策基本法の成立

(1) 交通政策基本法とは

交通政策基本法は、交通政策に関する基本理念と基本事項を定めた法律（平成25年法律第92号）であり、2013年11月27日に成立し、同年の12月4日に施行された。国や地方公共団体の責務を明らかにすることにより、交通施策を総合的・計画的に推進し、国民生活の安定向上と国民経済の健全な発展を図ることを目的とする。

この法律が施行されるまでは、日本の交通に関する法制度は、鉄道事業法、道路運送法など事業者向けの業法を中心に整備されていたが、これではまずいと思った旧民主党が中心となり、社民党と共に「交通権」を盛り込んだフランスの「LOTI法」を参考に、交通を利用者の視点などから総合的に捉えた新たな法整備をめざした。

　新たな法整備をめざした背景として、わが国の国土を取り巻く状況が大きく変化したことが挙げられる。わが国では、本格的な人口減少時代が到来し、2050年には総人口が1億人を下回ることが予想されている。また都市間競争などのグローバリゼーションも、さらに進展すると見込まれている。こうした中で、日本の国土をどうするべきか、経済の発展をどのように維持するべきか、そして日本の再建をどう実現していくのか、といった観点から、交通政策に関しても長期の視点に立って推進していくことが必要となった。

　旧民主党が野党の時代には、2002年と2006年に社民党と共同で「交通基本法」を提出しているが廃案になっている。このときは、「交通権」ではなく、「移動権」となっていた。そして旧民主党が与党時代の2011年3月8日には閣議決定されて単独で提出しているが、このときには「交通権」「移動権」という文言は盛り込まれなかった。

　だが皮肉なことに、旧民主党が単独で交通基本法案を提出した3日後の2011年3月11日に東日本大震災が発生したこともあり、その後は与野党ともに「防災や地域振興につながる交通関連法が必要」との機運が盛り上がった。旧民主党政権時代には、国会で審議が開始されたが、2012年11月の衆議院解散により、交通基本法案は廃案になった。

　2012年12月の総選挙では、自民党が勝利して安倍内閣を誕生させた。その後も、旧民主党は、社民党と共同で「交通基本法案」を再び国会に提出しているが、以前の焼き直しであり、国会で否決された。2013年4月からは、地方自治体が公共交通に改善や復興などに対して起債した場合には、国が地方交付税で地方自治体に費用を返す仕組みが整備されるなど、少しずつ前進していた。

そして2013年11月27日に「交通政策基本法」として成立した。同法は同年12月4日に公布・施行され、今後は、その理念を踏まえた施策の推進を図り、わが国の交通体系をより一層充実していくことが求められる。

法文は目的や基本理念などからなる第1章の総則と、第2章の交通に関する基本的施策からなる。第1章で掲げられる基本理念は、交通機能の確保と向上(第3条)、交通による環境負荷の低減(第4条)、適切な役割分担と連携による施策の推進(第5条・第6条)、交通安全の確保(第7条)などで、そのほかに国の責務が第8条、地方公共団体の責務が第9条、交通関連事業者などのそれぞれの責務が第10条、国民の役割が第11条に定められた。

第2章の「交通に関する基本的施策」では、1節に交通政策基本計画、2節が国の基本的施策、3節が地方公共団体の施策となっている。理念を体現するための施策として、自然、経済、社会的条件に配慮した日常生活の交通手段確保(第16条)が定められた。第16条では、「国は、国民が日常生活及び社会生活を営むに当たって必要不可欠な通勤、通学、通院その他の人又は物の移動を円滑に行うことができるようにするため、離島に係る交通事情その他地域における自然的・経済的・社会的諸条件に配慮しつつ、交通手段の確保その他必要な施策を講ずるものとする」としており、旧民主党・社民党が盛り込みを求めていた「移動権」に代わるものとみることができる。

また国際海上・航空輸送網の形成や港湾・空港の整備等による産業・観光等の国際競争力の強化(第19条)、大規模災害時の交通機能低下の抑制と迅速な回復(第22条)などが挙げられている。

第19条は、大都市圏においては成長のエンジンとしての役割を果たすには、国際競争力の強化が必要である。そこでゲートウェイ機能を強化するとともに、情報通信技術を活用したスマートシティ、高齢化社会にも対応したスマートウェルネスシティを実現することが重要となった。

第22条は、東日本大震災で被災したこともあり、巨大災害にも対処

するため、交通施設の耐震性の強化や交通ネットワークの代替性の確保など、防災・減災対策により、災害に強い国土づくりを進めていく必要性が増したことがある。

これらを推進するために、第15条に「交通政策基本計画」の閣議決定と実行が定められている。

(2) 地域公共交通網形成計画の策定

交通政策基本法が、2013年12月4日に公布・施行されたが、「日常生活等に必要不可欠な交通手段の確保等」「まちづくりの観点からの交通施策の促進」「関係者相互間の連携と協働の促進」などを具体化させるため、改正地域公共交通活性化再生法が2014年5月に成立し、同年の11月から施行された。

2014年5月に成立した地域公共交通活性化再生法の目標は、「本格的な人口減少社会における地域社会の活力の維持・向上」であり、ポイントとして以下の2点が挙げられる。

① 地方公共団体が中心となる
② まちづくりと連携する

以上の点を加味して、面的な公共交通ネットワークを再構築することである。

基本方針は、国がまちづくりとの連携に配慮して作成し、地方自治体が事業者と協議のうえ、協議会を開催して「地域公共交通網形成計画」を策定する。協議会には、自治体や事業者だけでなく、住民や道路管理者など、自治体が不可欠と判断した人たちが加わる。高齢者が多い地域であれば、病院や商店も加わったりする。

「地域公共交通網形成計画」では、"コンパクトシティー"の実現に向けたまちづくりとの連携、地域全体を見渡した面的な公共交通ネットワークの再構築が挙げられる。また「地域公共交通網形成計画」では、以下の事項が記載事項として定められた。

① 持続可能な地域公共交通網の形成に資する地域公共交通の活性化および再生の推進に関する基本的な方針

② 計画の区域
③ 計画の目標
④ ③の目標を達成するために行う事業・実施主体（本事項においては、地域公共交通特定事業に関する事項も記載可能）
⑤ 計画の達成状況の評価に関する事項
⑥ 計画期間
⑦ その他、計画の実施に関し、地方公共団体が必要と認める事項

上に挙げた事項に関しては、国がまちづくりとの連携に配慮して策定した基本方針に基づき作成することが必要である。

それ以外に、記載に努める事項として、「都市機能の増進に必要な施設の立地の適正化に関する施策との連携」や、「その他の持続可能な地域公共交通網の形成に際し、配慮すべき事項」が挙げられる。

「地域公共交通網形成計画」が策定されたことにより、地域公共交通を再編するうえで、再編事業の具体的な中身を定めてから、地域公共交通再編実施計画が作成されることもある。岐阜市は、関係する交通事業者の同意を得たうえで、岐阜市地域公共交通再編実施計画を日本で最初に作成した。

次節からは、デマンド型公共交通の具体的な事例を紹介する。

6.3　高知県の事例

（1）　高知市鏡・土佐山地域

高知市の鏡・土佐山地域は、2005 年に高知市に合併されたが、完全な中山間地域である。当然のことながら人口減少が激しく、かつ高齢化が進展しており、路線バスの経営が成り立たない地域である。このような地域は、日本各地に多くみられるが、一般的に乗合タクシーで対応する地域が多い。

鏡・土佐山地域は、急峻な四国山脈が迫る起伏が激しい地形であり、かつ人口がまばらであるから生活道路の幅員も狭く、自動車が 1 台通るのがやっとであり、夜間は真っ暗な道となる（**写真 6-1**）。

6. デマンド型輸送　125

写真 6-1　起伏が激しい地形が多い高知市の鏡・土佐山地域

　このような道であれば、高齢者に限らず比較的若い人であっても、自宅からバス停まで歩いて行くことが困難であった。それゆえ、従来の枠組みに捉われない新たな公共交通の導入が望まれていた。

　そこで 2013 年 10 月 1 日からは、図 6-1 で示すように、鏡地域では「愛あい号」、土佐山地域では「かわせみ号」というデマンド型乗合タクシーの運行を開始した。鏡地区や土佐山地区では、デマンド型の乗合タクシーが運行されるまでは、路線バスが運行されていた。路線バスをデマンドに変えるとなれば、利用者にとれば予約が必要となるため、混乱が生じる。そこで高知市では、混乱が生じることなく、円滑にデマンドへ移行できるようにするため、デマンド実施前に地域住民に集まってもらい、説明会を実施した。そして全世帯にちらしを配布している。

　「愛あい号」「かわせみ号」には、それぞれ乗換えポイントが設けられており、そこで路線バスから乗り継ぐことになる。「愛あい号」は川口出張所（写真 6-2）、「かわせみ」は、地域内運行便は土佐山庁舎、地域外運行便は円行寺下バス停で乗り継ぐ。両デマンド型タクシーともに、乗りたい便を事前に予約すれば、誰でも利用可能である。

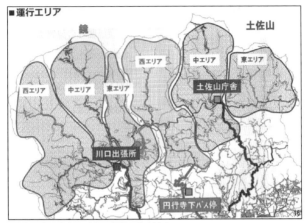

出典：高知市交通政策課提供を資料として

図 6-1　高知市鏡・土佐山地域のデマンド型乗合タクシー運行エリア

写真 6-2　乗換えポイントの川口出張所

　だが鏡地域の方や土佐山地域の方は、事前に利用登録が必要となる。これは「登録証」を作成する際、氏名以外に住所などを登録することになり、住所がわかっていれば円滑にタクシーを配車できるからである。「愛あい号」は(有)さくらハイヤー(**写真 6-3**)、「かわせみ号」は(有)第二さくら交通が運行している。

写真 6-3 デマンド型タクシー「愛あい号」

　完全予約制を採用しているが、途中で他の乗客を乗せて運行する乗合型のデマンド交通である。もちろん1人でも予約があれば運行され、2016年10月から、予約は「24時間対応」となった。運行は、月曜日から土曜日まで実施されるが、日曜日・祝日・年末年始の12月30日から1月3日は運休となる。なお月曜日から土曜日であっても、予約がなければ運行されない。運賃は、実証運行時は200円均一にして、まずは利用をしてもらいたかった。そしてデマンド型の乗合タクシーがあることを知ってもらうため、各世帯にかわら版を配布した。本格運行が開始されると、「愛あい号」は大人が300円、小学生が150円、未就学児は無料となる。そして身体障害者・療育手帳・精神保健福祉手帳の保持者は半額となる。

　一方の「かわせみ号」は、地域内と地域外で運賃が分かれる。地域内は「愛あい号」と同一であるが、地域外は1乗車大人が400円、小学生200円、未就学児は無料となる。そして身体障害者・療育手帳・精神保健福祉手帳の保持者は半額となる。

　「愛あい号」という名前は、乗合タクシーを利用する方が和気あいあいと、愛情を持って利用できるように…、という思いを込めて命名した。「かわせみ号」の名前は、旧土佐山村の鳥「かわせみ」が鏡川上流の清い流れに生息しているように、土佐山地域の乗合タクシーも鏡川上流を運行することから命名された。

表 6-4 鏡地域「愛あい号」2015 年度利用状況明細表

			4月	5月	6月	7月	8月	9月	10月	11月	12月	1月	2月	3月	合計
①	稼働日数	日	25	23	26	26	26	26	26	23	24	23	24	26	295
②	運行回数	回(注1)	87	74	77	75	73	83	79	85	82	65	70	80	930
③	運行基本額	2,300円×② 円(注2)	200,100	170,200	177,100	172,500	167,900	190,900	181,700	195,500	188,600	149,500	161,000	184,000	2,139,000
④	実車キロ	km	652.7	514.4	583.1	508.5	494.9	633.4	549.2	591.0	554.3	492.0	578.1	559.4	6,711.0
⑤	走行キロ	km	3,167.2	2,612.4	2,814.0	2,622.0	2,552.0	3,043.0	2,789.0	3,001.0	2,863.4	2,375.0	2,654.2	2,830.8	33,324.0
⑥	メーター料金	円	177,920	141,760	159,040	140,480	136,960	172,640	151,440	163,120	153,600	134,160	155,920	154,240	1,841,280
⑦	利用者数	人	109	89	107	90	88	103	89	106	95	79	90	98	1,143
⑧	⑦のうち小人等	人	24	19	21	12	24	20	16	25	25	23	21	27	257
⑨	運賃収入	円	29,100	23,850	28,950	25,200	22,800	27,900	24,300	28,050	24,750	20,250	23,850	25,350	304,350
⑩	補助対象経費限度額 ③+⑥	円	378,020	311,960	336,140	312,980	304,860	363,540	333,140	358,620	342,200	283,660	316,920	338,240	3,980,280
⑪	補助金額 ⑩-⑨	円	348,920	288,110	307,190	287,780	282,060	335,640	308,840	330,570	317,450	263,410	293,070	312,890	3,675,930
⑫	MAX運行回数 28回×①回(注2)		700	644	728	728	728	644	728	644	672	644	672	728	8,260

(注1) 鏡や土佐山への回送経費：2,300円＋メーター料金―実際に頂いた運賃
(注2) Max 4 (地域)×7 (ダイヤ)＝28本

■補助金額内訳
国庫補助金 1,774,000
高知市補助金 1,901,930
合計 3,675,930

表 6-5 土佐山地域「かわせみ号」(地域内運航便・地域外接続便) 2015 年度利用状況明細表

			4月	5月	6月	7月	8月	9月	10月	11月	12月	1月	2月	3月	合計
①	稼働日数	日	25	23	26	26	26	23	26	23	24	23	24	26	295
②	運行回数	回(注1)	84	70	96	87	93	77	103	77	89	99	106	100	1,081
③	運行基本額	2,300円×地域内② 円(注2)	126,500	121,900	140,300	144,900	144,900	147,200	170,200	121,900	147,200	172,500	190,900	179,400	1,807,800
④	実車キロ	km	606.9	472.7	683.1	507.4	624.7	460.7	706.3	533.3	618.0	637.8	691.6	626.0	7,168.5
⑤	走行キロ	km	3,031.2	2,558.8	3,417.6	2,980.4	3,290.6	2,774.8	3,731.6	2,768.2	3,240.6	3,558.0	3,864.2	3,588.4	38,801.4
⑥	メーター料金	円	166,400	130,960	187,680	143,120	173,200	129,920	195,280	147,280	170,560	177,920	192,800	175,600	1,990,720
⑦	利用者数	人	105	89	108	97	110	94	134	96	108	121	124	114	1,300
⑧	⑦のうち小人等	人	0	0	0	2	6	4	6	4	6	6	6	9	49
⑨	運賃収入	円	35,300	29,200	36,400	31,700	35,400	28,900	43,600	31,100	34,500	38,200	39,200	34,900	418,400
⑩	補助対象経費限度額 ③+⑥	円	292,900	252,860	327,980	288,020	318,100	277,120	365,480	269,180	317,760	312,220	383,700	355,000	3,798,520
⑪	補助金額 ⑩-⑨	円	257,600	223,660	291,580	256,320	282,700	248,220	321,880	238,080	283,260	312,220	344,500	320,100	3,380,120
⑫	MAX運行回数 26回×①回(注2)		650	598	676	676	676	598	676	598	624	598	624	676	7,670

(注1) 鏡や土佐山への回送経費：2,300円＋メーター料金―実際に頂いた運賃
(注2) Max 3 (地域)×6 (ダイヤ)＝18本、地域接続便が8本、18＋8＝26本

■補助金額内訳
国庫補助金 1,125,000
高知市補助金 2,255,120
合計 3,380,120

出典：表 6-4、表 6-5 とも高知市交通政策課提供資料を加筆のうえで引用

「愛あい号」「かわせみ号」の2015年度の利用者数および収支状況を、**表6-4**と**表6-5**に示した。「愛あい号」の利用者数は1,143人/年であり、「かわせみ号」の利用者数は1,300人/年であった。1日当たりの平均利用者数は、「愛あい号」が3.2名であり、「かわせみ号」が3.6人になる。

収支状況であるが、「愛あい号」は運賃収入が304,350円/年に対し、運行経費が398万280円であるから、収支率は7.6%であり、運賃収入では運行経費の1割も賄えていない。損失補填は、国庫補助が177万4,000円支給され、高知市が190万1,930円を補助している。

「かわせみ号」であるが、運賃収入が418,400円/年に対し、運行経費が379万8,520円であるから、収支率は11.0%である。損失補填は、国庫補助が112万5,000円支給され、高知市が225万5,120円を補助している。

「愛あい号」や「かわせみ号」の収支率は良くないが、高知市交通政策課は導入効果として、公共交通の空白地域を解消したことと、以前の路線バスと比較して、ドアツードアに近い、より質の高い公共交通サービスを導入できた点が、最大の効果であると考えている。

（2） いの町

高知県いの町は、**図6-2**で示すように、高知県のほぼ中央に位置している。2004年10月1日に、それまでの吾川郡伊野町、吾北村、土佐郡本川村が合併して誕生した際、現在の平仮名の表記となった。いの町は南北に長く、面積は470.97km^{2}であり、人口は2016年2月1日の時点で約22,000人であるから、人口密度は47.9人/km^{2}である。

東南部の旧伊野町の部分は、平地が多く水田なども広がっているが、他の地域はほぼ全域が山地であり、北部の地域は高知市よりも、愛媛県の西条市の方が距離的にも近いぐらいである。

公共交通であるが、東南部の旧伊野町の地域には、JR土讃線や土佐電鉄などの鉄道をはじめ、路線バスが運行されている。だが中山間地域は、過疎地有償輸送や市町村有償運送のバスのみの運行となってい

た。市町村有償運送のバスは、78条の町営バスであるため、白ナンバーである。過疎地有償運送のバスは、民間の自動車を用いた78条バスであるため、こちらも白ナンバーである。

出典：Googleマップを基に作成

図6-2　高知県いの町の位置

　いの町では、中山間地域における持続可能で利用しやすい公共交通を確保することが課題となっていた。そこで2006年12月に新規および既存の公共交通の必要性と費用対効果を検証し、公共交通の利用促進を図る目的で、学識経験者、路線バス事業者、タクシー事業者の代表者、町議会議員・公募町民からなる「いの町公共交通検討委員会」を設置した。2008年1月には「いの町地域公共交通会議」に発展させ、2009年3月には「いの町地域公共交通活性化協議会」を設置し、翌2010年3月には「いの町地域公共交通総合連携計画」を策定している。

　地域公共交通活性化再生法が2014年11月20日に改正され、地域公共交通網形成計画が策定できるようになったが、いの町ではこれより4年ほど早く、地域公共交通総合連携計画を策定していたため、国土交通省よりも一歩進んでいる。

いの町地域公共交通活性化協議会の設立の主な目的として、フィーダー系統の確保維持事業が挙げられる。高齢化が著しい中山間地域などの移動手段を確保し、地域での生活を守ることを目的としている。

いの町では、地域公共交通活性化協議会が設置される前から、小野地区(**写真 6-4**)に対しては、2007年9月から定時制デマンド型乗合タクシーの実証運行を開始しており(**写真 6-5**)、翌年の9月からは本格運行となった(**図 6-3**)。より、いの町の住民のきめ細かいニーズに対応するため、2012年度上期から町内3地域で、デマンド型の乗合タクシーの運行を実施することにした。

写真 6-4　いの町小野地区

写真 6-5　いの町小野地区のデマンド型乗合タクシー

出典：明神ハイヤー提供資料を基に作成

図6-3　いの町小野地区の路線図

　地域間の幹線系統は、(株)県交北部交通の路線バスが担うが、これではカバーしきれない地域内のフィーダー系統として、デマンド型の乗合交通を継続的に運行することで、公共交通空白地域を解消する。結果として、週2回は自由に移動できる公共交通の確保をめざすことを目標とした。いの町のスローガンは、「高齢化の進む中山間地域に最適なフィーダー交通として、デマンドタクシーを導入、外出機会を創出！」である。

　この施策により、公共交通の空白地域を解消するだけでなく、少子高齢化などにより利用者が減少傾向にある(株)県交北部交通の路線バスの利用者も維持できるため、それが地域全体の公共交通の活性化にも貢献すると、いの町は考えている。デマンド型の乗合交通は、タクシーメーターと利用者から収受する運賃の差額をいの町が負担することになるが、路線バスの利用者も減少してしまえば、欠損補助の増額になり、最悪の場合は路線廃止につながってしまう。

具体的には、町内の吾北地区、中追地区、横藪・蔭地区の3地区であり、(株)県交北部交通の最寄りの路線バスの停留所まで、デマンド型の乗合タクシーを運行している。運行は、地元タクシー会社に委託している(**写真 6-6**)。

写真 6-6　いの町のデマンド型乗合タクシー

吾北地区は、(株)県交北部交通の路線バスが運行されているが、現在デマンド型の乗合タクシーが導入されている地域は、バス停から離れていた。利用者数であるが、吾北地区では、300〜400 人/月の利用があるため、ほぼ毎日、稼働していると言える。

中追地区や横藪・蔭地域は、従来は公共交通自体が全くなかった地域である。この地区は、急峻な四国山脈の中腹などに、家がへばりつくように建っていたりすることも多い(**写真 6-7**)。生活道路の幅員が3m 程度しかないため、路線バスの運行が難しく、急勾配と急カーブが連続するうえ、明かりすら満足にないため、タクシー運転手でも運転には注意を要する。このような地区では、バス停などを設けて対応することは非常に困難である(**写真 6-8**)。

乗合タクシーの運賃は、吾北地区だけでなく、中追地区、横藪・蔭地区であろうが、1 人 1 乗車 300 円である。予約は、前日の午後 7 時までに氏名、乗車人数、乗降場所、接続するバスの時刻などを、直接、運行するタクシー会社に電話などで連絡しなければならない。

写真 6-7 急峻な四国山脈の中腹に建つ家

写真 6-8 急勾配と急カーブが続く生活道路

　小野地区の定時制乗合タクシーは、朝の便や昼の便に関しては、前日の 17:00 までに予約しなければならないが、晩の便に関しては当日の正午までに、運行会社である明神ハイヤーに、乗車日時、乗車する便名と乗車場所（バス停）、乗車する人の氏名、乗車人員などを予約しなければならない。

　デマンド型乗合タクシー導入の効果であるが、吾北地区のデマンド型の乗合タクシーは、月に 300～400 回程度運行しており、ほぼ毎日の運行であるため、高齢者の外出機会の向上には貢献している。一方の小野地区であるが、町営バス時代は 1 便当たり 1 名にも満たない便が多かったが、デマンド型の乗合タクシーに移行したことにより、従来は年間で 700～800 万円程度要していた運行経費が、半分以下に下がる効果が確認されている。2015 年度の利用者数であるが、小野地区は 1,143 人/年であり、中追地区は 578 人/年、横藪地区・蔭地区は 167 人/年であった。横藪地区・蔭地区は、お互いに隣接しているが、この地区は人口が少ないために、デマンドの利用者数も他の地区よりも少なくなる。

　いの町がデマンド型の公共交通を導入したことによる最大の効果は、公共交通空白地域が解消したことである。今後の課題としては、デマンド型の公共交通を導入すると簡単に廃止できないため、「効率性を追求しつつ、サービス水準を維持しながら、いかにして継続させるかが、

今後の課題である」と、いの町役場総務課参事の岡村寛水氏は語られた。

6.4 滋賀県の事例

(1) くりちゃんタクシー

滋賀県栗東市では、公共交通空白地域を解消するため、「くりちゃんバス」というコミュニティーバスが2003年5月1日より運行されている。だが、特に利用者が少なかった金勝地域では、図6-4で示すようにデマンド型の「くりちゃんタクシー」として運行している。「くりちゃんバス」は帝産バスや近江鉄道バスに運行を委託しているが、「くりちゃんタクシー」として運行される金勝循環線は、帝産タクシーに運行を委託している（写真6-9）。

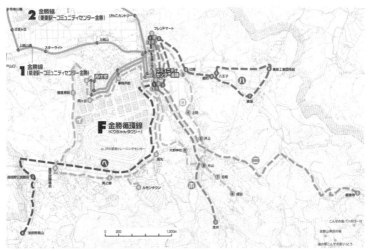

出典：栗東市ホームページ

図6-4　金勝循環線の路線図

写真6-9　「くりちゃんタクシー」の金勝循環線

　「くりちゃんタクシー」は、滋賀県初のデマンド型の乗合交通であり、第2章で紹介したように栗東市は、中心部を離れると山林などが多くなる。「くりちゃんタクシー」が誕生するまでの金勝地域は、1日当たりの輸送密度が5人程度の旧第三種生活路線であり、路線バスでは空気輸送を行っていた。

　そこで運行コストを下げて、地域住民の日常生活の足を守るため、デマンド型の乗合式の公共交通を導入することになった。「くりちゃんタクシー」の誕生は、次項で紹介する米原市の「らくらくタクシーまいちゃん号」や、長浜市の「こはくちょうバス」が誕生するなど、滋賀県の過疎地の公共交通に大きな影響を与えた。

　「くりちゃんタクシー」が運行される金勝循環線は、以下のような6つの路線がある。

①　美之郷線：コミュニティーセンター金勝　→　ルモンタウン　→　園芸試験場前　→　西住宅　→　コミュニティーセンター金勝

②　成谷線：コミュニティーセンター金勝　→　辻越　→　成谷　→　大野神社　→　コミュニティーセンター金勝

③　東坂線：コミュニティーセンター金勝　→　辻越　→　東部工業団地前　→　東坂　→　辻越　→　コミュニティーセンター金勝

④　観音寺線：コミュニティーセンター金勝〜観音寺
⑤　走井線：コミュニティーセンター金勝〜走井
⑥　浅柄野線：コミュニティーセンター金勝〜浅柄野南山

「くりちゃんタクシー」は、セダン型のタクシー車両が用いられるが、旧路線バス時代のバス停をそのまま活用している（**写真 6-10**）。利用者は、バス停まで向かうところは同じであるが、利用するには30分前までに帝産タクシーまで予約しなければならない。

写真 6-10　「くりちゃんタクシー」のバス停

　運行が始まった当初は、予約があった場合、車両は指定されたバス停へ直接向かうのではなく、コミュニティーセンター金勝へ向かい、そこから指定されたバス停まで、定められたルートを走行し、お客様を乗せて運行していた。だがこの方法では、運行経費が嵩むため、指定されたバス停間を最短距離で結ぶ方式に変更した。その方が、お客様にもサービス上、望ましい。

　コミュニティーセンター金勝は、帝産バスの定時定路線の路線バスと「くりちゃんタクシー」の結節点であり（**写真 6-11**、**写真 6-12**）、JR草津駅からコミュニティーセンター金勝まで、路線バスで輸送したお客さんを、そこから「くりちゃんタクシー」で輸送するシステムを採

用することで、帝産バスの利用者を維持しつつ、金勝地域に住む高齢者の外出を促進させている。

写真 6-11　コミュニティーセンター金勝

写真 6-12　定時定路線バス

「くりちゃんタクシー」の運賃は、「くりちゃんバス」と同様に大人が 200 円均一であり、小児は 100 円均一運賃である。障害者割引も実施されており、身体障害者手帳や療育手帳を見せると運賃は半額になるが、残念ながら精神障害者割引は実施されていない。車内にて専用の回数券を発売しているが、定期券は発売されていない。またコミュ

ニティーセンター金勝で、帝産バスが運行する路線バスへ乗り継ぐ場合、乗継割引が実施されており、「くりちゃんタクシー」の運賃が半額になる。ただし、各種障害者割引と重複した割引は実施されない。

運行日は月〜金曜日であり、土曜・日曜・祝日・年末年始は運休となる。これは土日・祝日などは、家族が自家用車で病院やスーパーへの送迎を実施してもらえるからである。

「くりちゃんタクシー」の利用者数であるが、2014年10月〜2015年9月までの年間利用者数は1,219名であるから、1便当たり1.1名乗車していることになる。利用者は固定されており、帝産タクシーの運転手さんも、誰がどこから乗車するかを把握している。中高校生の中には、往路は自家用車に便乗しているが、復路で利用する生徒もいるという。

年間の運行経費が約200万円であり、年間の運賃が約20万円であるから、収益率は10％程度である。それゆえ今後、どのようにして維持していくかが課題であるが、栗東市には平和堂というスーパーマーケットや病院、工場なども多く立地していることから、バス停や時刻表などに企業広告を募るという方法で、少しでも運行経費を賄う方法を検討すべきだろう。

(2) らくらくタクシーまいちゃん号

米原市の中心駅である米原駅には、東海道新幹線、東海道本線、北陸本線などJRの幹線が集まっており、古くから交通の要衝として栄えた町である。米原市の人口は約41,000人であるが、面積は223.1km^{2}であるため、人口密度は183.1人/km^{2}である。北部と南部では地形が大きく異なる。北部は中山間地域に属しており、高齢化が著しい。南部は琵琶湖岸に面する平坦地域となっており、人口が集中する傾向にある。

公共交通の中でも路線バスの利用者は減少傾向に歯止めが掛からず、そこに市町村合併も重なり、バス路線網の見直しが必要な状況であった。米原市内の公共交通空白地域を埋めるため、2004年10月よりJR

米原駅を中心とする米原地域の一部において、完全予約制の乗合タクシーの運行を開始した。

2005年2月14日に、坂田郡山東町・伊吹町・米原町が合併して米原市が発足し、同年10月1日に坂田郡近江町を編入した。米原市が発足した当時の人口は約41,000人であったが、2016年2月16日に時点では、約38,500人にまで減少している。

旧山東町などでは、コミュニティーバスも運行されていたため、米原市もコミュニティーバスの運行経費に対し、2006年度は滋賀県から「滋賀県コミュニティーバス運行対策費補助金」として3,000万円の補助を受けていた。

ところが2007年度より滋賀県では、コミュニティーバスを乗合タクシーへの転換することにより経費が削減される場合、乗合タクシーに対しても当該補助金が適用されることとなった。そこで2007年10月からは、JR坂田駅を中心とする近江地域にも運行エリアが拡大された。滋賀県からの補助金の支給の基準は、乗合タクシーの走行距離に対してであり、現在でも旧山東町では「カモンバス」というコミュニティーバスが「カモン号」というデマンド型の乗合タクシーに代わったが、その分に対しては継続して補助金が出ている。

「らくらくタクシーまいちゃん号」は、米原市(実施された当時は米原町)が運営しているが、運行は近江タクシー湖北に委託している。セダン型のタクシー車両を使用し、毎時00分と30分に、米原駅・坂田駅を出発するダイヤとなっている。図6-5で示すように、停留所(乗降ポイント)などはあらかじめ定められているが、予約がなければ運行されない。従来のデマンドのようにルートが決まっておらず、乗降ポイントを告げると運転手の判断で経路は変わるという、面のデマンドである。これは、路線を定めてしまうと、利用者の要望に柔軟に対応できなくなるからである。米原地域・近江地域でそれぞれ設定された「共通エリア」間については、約2時間に1便の運行ダイヤが設定されている。

出典:米原市ホームページ「米原市内乗合タクシー利用案内ガイド(まいちゃん号編)」

図 6-5 「らくらくタクシーまいちゃん号」の路線図

運賃は大人が1回当たり300円、子供は1回当たり150円の均一運賃制となっているが、利用するには住所、氏名、年齢などが書かれた登録証が必要であり、これを提示しないと利用することができない。

効果であるが、2004年10月の運行開始以来、1日当たりの利用者数は約50〜60人で推移しており、2015年度は1日当たり約53.8人であった。

「らくらくタクシーまいちゃん号」の2014年10月〜2015年9月の年間経費(利用者の負担額含む全体額)は16,405,090円であり、米原市の高齢者など社会福祉の助成金を除いた赤字額に対する補助金額は、11,875,400円であった。滋賀県は、2014年10月〜2015年9月までの期間に対して、約4,074,000円の補助を実施している。米原市と滋賀

県の年間の補助金の合計は 15,949,400 円であるから、運賃収入は年間で 455,690 円であり、運賃収入では運行経費の約 2.8％しか賄えていない。

(3) こはくちょうバス

「こはくちょうバス」は、滋賀県長浜市が湖北地域にて運行しているコミュニティーバスである。このコミュニティーバスの特徴は、ワゴン車を用いて運転され (**写真 6-13**)、ある時間帯は**図 6-6** で示すように、定時定路線型のバスとして運行され、それ以外はデマンド型として運行される点である。つまり、定時定路線型とデマンドの組合せである。

定時定路線として運行される路線は 2 路線あり、JR の河毛駅 (**写真 6-14**) を基点に野鳥センターや湖北水鳥センターを経由して JR 河毛駅に戻るびわこ線と、JR 河毛駅を起点に湖北支所、小谷城址口、小谷城戦国歴史資料館を経由して、JR 河毛駅に戻る小谷山線である。

高齢者を中心に地域住民の生活交通を確保するため、実証運行を 2008 年 10 月 1 日から合併前の旧湖北町が開始した。そして 2010 年 1 月 1 日に湖北町が長浜市へ合併され、「こはくちょうバス」は長浜市に引き継がれたが、2010 年 6 月 1 日のダイヤ改正では、利用者が少なかった 20 時台の最終便を減便された。

写真 6-13 ワゴン車の「こはくちょうバス」

6. デマンド型輸送　143

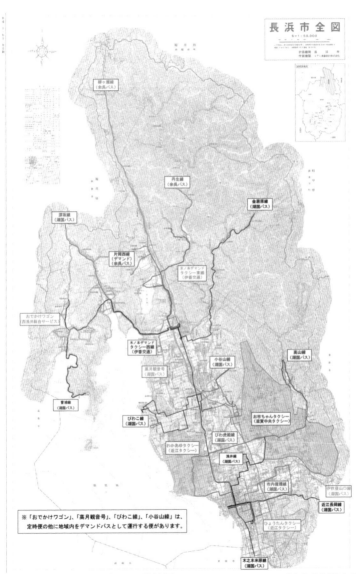

図 6-6　「こはくちょうバス」の路線図（出典：長浜市ホームページ「市内路線網図」）

写真 6-14　JR河毛駅

　詳細を知りたく、長浜市都市計画課交通対策係に電話でヒアリングを行ったところ、現在の最終は 19:00 台のデマンドであるが、これも利用者が少ないという。それゆえ 20 時台をデマンドで維持したとしても、どれだけ利用者がいるか、となる。

　さらに 2010 年 12 月 31 日限りで、70 歳以上の高齢者や障害者（身体・精神）に対する福祉乗車証制度（無料乗車）が廃止されたが、湖国バスでは 65 歳以上の方は、1 カ月 2,100 円で乗車が可能な定期券を発行しており、それを提示すると「こはくちょうバス」の 1 乗車が半額になる。身体障害者・精神障害者に関しても、障害者手帳や療育手帳を提示すれば、運賃が半額になる。

　その後、湖北町を合併した長浜市に実証運行のまま引き継がれ、3 年間の実証運行期間を経て本格運行に移行した。実証運行時代の運賃は、大人 1 人当たり 300 円、子供は 150 円であったが、本格運行に移行すると大人 1 人当たり 200 円均一、小学生以下は 100 円に値下がりした。そして 3 歳未満は無料となるが、3 歳～6 歳児が保護者同伴で乗車する場合は、幼児は保護者 1 人に対し 1 人が無料となる。

　回数券も設定されており、2,000 円で 11 枚綴りの普通回数券と、2,000 円で 13 枚綴りの学生回数券（中学生・高校生用）がある。この回数券は、自転車通学の中高生を「こはくちょうバス」へモーダルシフトさせる

ために設定されており、雪が降る冬場になれば、「こはくちょうバス」の利用者は増加する。

運行形態は、長浜市が所有する白ナンバー車を用いた道路運送法78条による有償運送であり、実証運行が開始した当初は、まちづくり湖北に委託していたが、2012年から湖国バスに委託している。そのためデマンド便に乗車する場合、湖国バスに直接、電話して予約しなければならない。

「こはくちょうバス」の利用者数であるが、長浜市都市計画課に問い合わせると、びわこ線と小谷山線で分けて利用者数は出しておらず、2013年度は10,731人であり、2014年度は6,407人、2015年度は6,017人であった。

2014年度は、2013年度と比較して利用者数が大幅に減少しているが、これは景気の影響ではなく、運行形態の見直しが影響している。まず運行事業者をまちづくり湖北から、湖国交通へ変更すると同時に、運行経費を削減するため、定時定路線を減らして予約型のデマンドを増やした。そして運行経路も変更している。

長浜市では、地域住民や運行事業者である湖国交通と一緒にバスの運営会議などを実施しており、定時定路線で対応するか、デマンドで対応するのかは、この会議で決めるという。デマンドを増やすと運行経費は削減できるが、非居住者にとればデマンドは予約しなければならず、利用するには一種のバリアとなってしまう。それゆえ利用者は減少してしまうジレンマがある。

筆者は、「こはくちょうバス」が運行を開始した旧湖北町の頃から利用しているが、冬場は琵琶湖にこはくちょうが飛来するため、びわこ線は野鳥センター(**写真6-15**)を訪問する利用者が多くなり、定時定路線で運行している便も、積み残しを出す事態が生じた。この場合は、小谷山線の運行を終えた車両を用いて、臨時便としてびわこ線を運行するなど、柔軟な対応をしている。

写真 6-15 湖北野鳥センター

6.5 三重県玉城町の「元気バス」

(1) 「元気バス」導入の背景

玉城町は、図 6-7 で示すように、三重県中部に位置する面積が 40.9km²、人口 15,000 人の町であり、比較的平坦な地形の町である。町の自慢は、約 680 年前に北畠親房・顕信父子が砦を築いたことに始まる「田丸城」があり、旧城下町であった。だが玉城町の人口密度は 372 人/km² であり、高齢化率 25.5％は全国平均並みだが、高齢化が進行しつつあることは事実である。

「元気バス」が誕生するまでの経緯であるが、1996 年に三重交通の路線バスが大幅に縮小したことから、翌 1997 年に 29 人乗りのマイクロバス 2 台で福祉バスの運行を開始する。この福祉バスは、3 ルートが開設され、1 日に 19 便が運行され、年間で約 27,000 人が利用していた。1 便当たりの平均は 4.5 人であった。

福祉バスの運行経費が年間で約 1,000 万円も要しており、町民からはサービス向上の要望が多かったが、細街路へ乗り入れができないうえ、厳しい財政事情のために予算が掛けられない状況にあった。そこでデマンド型の公共交通の導入が検討されるようになった。そして

出典：Google マップを基に作成

図 6-7　三重県玉城町の位置

2008 年 11 月 4 日から東京大学が開発した「乗り合い型交通システムコンビニクル」を採用し、共同で実証実験を開始する。

東京大学が開発した「コンビニクル」というシステムは、最寄りのバス停からの乗り合いルートを計算することができる。混雑して希望が叶わない場合には、希望に近い時刻で逆提案してくれる機能を有している。事実、玉城町では利用者に対し、10 分程度のゆとりを持たせている。

実証実験を開始するに当たり、バス停を従来の 53 カ所から 138 カ所へ拡大して利用しやすくした。運行は、保健福祉会館を中心に行われており、これは健康福祉会館で寝たきりの高齢者を増やさない目的から、介護予防教室が開催されており、これに参加する人が多いためである。

玉城町は、2009年11月から9人乗りのワゴン車3台[注7]で、「元気バス」の名称で本格運行を開始する(**写真 6-16**)。「元気バス」は、出発・到着時刻を指定できる「オンデマンド方式」の乗り合いバスであり、運行は午前9時から午後5時まで、年末年始を除き休日も運行している。玉城町では、あくまで「日中支援」という位置付けであるため、これ以上、運行時間を広げる考えはない。

写真 6-16　玉城町の「元気バス」

(2)　「元気バス」運行後の変化

　本格運行が開始されると、駅や公共施設のほか診療所、ごみの集積所など、住民の要望を聞き設置した専用バス停が、町内で169カ所に増えた。バス停には、ポールや旗などは立っていないが、予約受付は30分前から2週間先まで予約が可能である。予約方法は電話での予約以外にインターネットからも可能であるが、運行当初には、町民150名には独自で開発した携帯型の簡易予約端末を配布している。

　携帯型の簡易予約端末は登録した町民の安否確認にも活用されており、「元気バス」の利用がない町民や反応がない町民に対しては、要救

(注7)　ワゴン車として、トヨタのタウンエースを使用しており、現在は3台にプラス予備車が1台となっている。これらはすべてリースされており、リース料は1台当たり年間で60万円である。

護の利用者のリストアップを行い、オペレータによる電話確認を行っている。また利用者が歩いていて危険を感じた場合、スマートフォンの「緊急通報」のボタンを押せば、玉城町の社会福祉協議会が安否確認を行うことができるようになっている。さらに44カ所に設置されたタッチパネルからも、予約が可能である。登録した住民は無料で利用が可能である。地区別・年齢層別・男女別の「元気バス」の登録者の構成は、図6-8で示した。

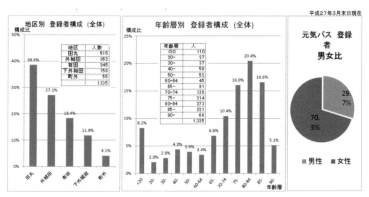

出典：玉城町社会福祉協議会提供資料

図6-8　「元気バス」登録者構成

予約する手段としては電話予約が9割で最も高く、次が窓口であるという（写真6-17）。やはり電話や窓口というアナログ的な手段の方が、使い慣れており安心感があると言える。

「元気バス」の運行は、保健福祉会館では寝たきりの高齢者を増やさない目的から、介護予防教室が開催されており、これに参加する人が多いために、保健福祉会館を中心に運行している（写真6-18）。保健福祉会館で開催される介護予防教室への参加者と、そのうちの何名が「元気バス」を利用しているかの割合は、2015年度では介護予防教室へ参加した220人のうち、113名が「元気バス」を利用していた。

写真 6-17 「元気バス」予約受付の様子

写真 6-18 玉城町保健福祉会館

　2009 年 11 月の運行開始から登録者は 1,400 人を超えており、これは約 15,700 人いる玉城町の町民の約 9％に相当する。会員登録をするには、実際に社会福祉協議会まで来てもらい、面談を受けなければならない。玉城町の住民のみが会員登録が可能であり、氏名・住所・連絡先のほか、身体的の状態など生活機能面も登録される。これは利用者の健康状態などを把握するためであり、「元気バス」は福祉車両ではないため、電動車椅子などを乗せるリフトが装備されていない(**写真 6-19**)。電動車椅子の人は、福祉タクシーなどの福祉車両を利用することになる。

写真6-19 「元気バス」の乗降口（リフト等は装備されていない）

(3) 「元気バス」の運行経費

2013年度からは、運行・管理・運営に関しては、玉城町から玉城町社会福祉協議会へ委託している。「元気バス」の運転は、専属の社会福祉協議会の職員が担っており、それ専属の運転手が7名いる。また運行時のトラブルなどに対しては、社会福祉協議会に専属の職員を配置して対応している。

「元気バス」は福祉事業であり、2013年度の事業費は1,900万円であり、2015年度は1,960万円であったように、「元気バス」の運行には年間2,000万円近い経費を要するが、この経費は一部を「ふるさと納税」で賄っている。玉城町社会福祉協議会の西野公啓事務局長（現 玉城町生活福祉課長）が言うには、これを三重交通などの民間事業者に委託すれば、自社の利益も加味しなければならず、年間で3,000万円近い運行経費を要するという。

小学校4年生以上は1人で乗車できるが、利用者の6割が75歳以上である。ただし雨が降った日は、高校生なども利用する。これは民間事業者の路線バスなどがないためである。また祖父母が孫と一緒に買い物に行くという利用もされているようだ。

デマンド型の公共交通が導入されたことに対して、玉城町の住民は

「近くのバス停で乗降できる」「自由な時間に乗れる」と高い評価をしている。

「元気バス」の1日当たりの利用者数は約73名であり、玉城町では「お年寄りが家に引きこもれば心身が衰える。『元気バス』が外出を促す効果は予想以上に大きい」と考えており、今後も無料を維持したいと考えている。

つまり「元気バス」は、年間の運行経費が2,000万円近く要するが、玉城町には要介護3・4・5の人が145名おり、2015年2月分の給付額が5,819万3,000円であるから、1人当たり約40万円となる。これが1年になれば1人当たり480万円にもなる。それ以外に玉城町には、2016年4月1日現在で介護認定者数が642人にもなり[注8]、この方々の健康状態を悪化させないようにするためにも、「元気バス」は貢献している。運行経費は年間で2,000万円も要するが、4人の人が要介護3・4・5にならなければ、「元気バス」の運行経費は回収できたと同じ効果である。そのうえで642名もいる介護認定者が、元気で生活できれば、「元気バス」の年間の経費よりも、便益の方が遥かに多いことになる。

西野課長が言うには、「元気バス」で知り合った高齢者同士が、アスピア玉城という町の温泉施設に出かけるなど、新たなネットワークもできつつあるという。また「外出を支える仕組みがあれば自動車の免許を返納できるのではないか」と考えておられる。

「コンビニクル」を立ち上げた東大名誉教授の大和裕幸氏（現在は海上・港湾・航空技術研究所理事長）が言うには、「運転ができない高齢者が移動の自由を得れば、外出や人とのコミュニケーションの機会が増え、介護予防につながる。オンデマンド交通は認知症社会を支えるインフラになる」と考えておられる。

(注8) 要支援1が20名、要支援2が37名、要介護1が110名、要介護2が150名となっている。特に要支援1が20名、要支援2が37名という人数の少なさも注目したい。要支援軽度の人たちとは、認定者「全員のうち9％ほど。全国平均25％と比較しても、その少なさには驚かされる。

(4) 今後の課題

「元気バス」の運行により、通所型の介護予防教室の利用者数が4倍になったという。「元気バスの利用者は、非利用者よりも年間医療費が2万円低い。高齢化社会が進む中、町の財政負担も家庭の医療費負担も抑えられるのではないか」と、玉城町は期待する。

玉城町では、「元気バス」以外にも、保育所・小中学校の校外学習や集落、団体の地域活動に研修バスを運行している。「元気バス」では、介護予防教室へ通う際に積み残しを出す場合は、「すまいるバス」を運行して対応している。これらの輸送に対しては、29人乗りのマイクロバスが1台、41人乗りのマイクロバス1台で対応しており、運転は7名いる社会福祉協議会の職員が担当する[注9]。

「元気バス」をはじめとした福祉輸送が充実している玉城町であるが、今後の課題としては、

・高齢者の交通安全を考えた免許返納後の移動手段としての足の確保や見守り、途絶えがちな人と人とのつながりの確保、など

を挙げている。

筆者は、玉城町の社会福祉協議会へ取材に訪れた際、「登録証」という制度は、個人情報が知られるのが嫌な人は登録を嫌がるうえ、玉城町の住民しか登録できないことから、非居住者は、「元気バス」を利用できないことになるのでは、と思った。それゆえ西野氏に、「非居住者に対しては、有料でもよいので『元気バス』を利用可能にすることを検討されていますか」という旨の質問を行った。

西野氏からは、以下のような特別な場合は、社会福祉事業への賛助会員として、年間で1万円支払ってもらえれば、利用が可能としている」という回答が得られた。

① 町営のアスピア玉城(ふれあい館)の利用
② 町内福祉施設、介護施設への支援者利用
③ 地元出身者で、帰省する際の利用

[注9] 社会福祉協議会の運転手は、それ以外にデイサービスの輸送も担当する。

西野氏が言うには、町営のアスピア玉城という温泉施設は、利用者の9割が町外の方であるという。そのため社会福祉事業の賛助会員になって、「元気バス」を利用する人が多いと感じた。

7. 安易にデマンド型交通を導入させない対策

7.1 デマンド型公共交通の問題点

(1) コスト面

　昨今では、路線バスやコミュニティーバスでは、輸送力が過剰であるから、運行コストを下げるため、デマンド型交通を導入する動きが活発化している。導入した自治体を取材したところ、「路線バスやコミュニティーバス時代の4割程度で運行が可能になった」という声を聞く。デマンド型交通には、輸送の安定性を担保するため、地元のタクシー事業者に運行を委託し、セダン型のタクシーが用いられる。

　デマンド型交通の利点は、筆者は以下の3点だと考える。

① 路線バスでは需要量が少なく、路線の維持・確保できない地域では、事前に予約することでタクシー事業者も空車を走らせることなく、確実な収入が見込める。また行政は、乗合よりも少ない費用で運行できる。

② 利用者にとれば、比較的低廉な費用でドアツードアの輸送が可能。

③ 新規に開設する場合、路線バスのようなバス停がなくてもよいため、開設しやすい。

路線バスでは、需要が少なくて対応が難しい過疎地などでは、公共交通の切り札になる場合もある。

　一方、筆者は問題点も多くあると思っている。筆者がデマンド型交通は万能ではないと考えるのは、以下の理由が挙げられる。

① 登録や事前予約は面倒である。

② 利用者が増加すればコストが嵩む。

③ ドアツードア型のサービスに近づくと、行政が補助金を出して運賃を安くしているタクシーと同じになる。

④ まとまった予約などがあれば、輸送定員が少なく対応しづらい点がある。

⑤ 個別に対応していたのでは、乗合よりも高コストになる。

登録や事前予約は面倒であるだけでなく、個人情報の管理の問題にもつながってしまう。また登録や事前予約を採用すると、非居住者はそのサービスを利用できなくなる問題が生じる。②に関しては、デマンド型の公共交通はタクシーメーターで表示された金額との差額を行政が負担するため、路線バスやコミュニティーバスのように利用者が増えればよいわけではない。利用者の増加は、新たな行政の負担となってしまう。

③に関しては、デマンド型の公共交通が便利過ぎると、タクシーやバスの利用者が、デマンド型の公共交通へ転換する恐れがある。導入するには、路線バスやコミュニティーバスでは経営面で成立しない地域であるなど、地域を選んで導入する必要がある。都市部では、道路が狭隘であるため、路線バスが運行できない地域もある。また 1960 年代に開発された住宅地では、起伏が激しくて高齢者がバス停までのアクセスに支障を来すような地域もあり、そのような場所ではデマンド型の公共交通を導入する動きもある。

だがデマンド型の公共交通の利用者が増えた場合には、乗合タクシーに変えることなども計画段階から考慮しなければならない。

④⑤に関しては、デマンド型の公共交通は輸送定員が少ないことから、まとまった予約などがあれば、輸送力不足で積み残しを出す危険性がある。このような場合は、臨時便を出して対応しなければならない。④と関係するが、⑤で挙げる大都市近郊区間では、個別に対応していたのでは、車両や運転手も必要となるため、乗合よりも高コストになってしまう。路線バスやコミュニティーバスでは、輸送力過剰で対応できない地域などに限定する必要がある。

デマンド型の公共交通を検討する際には、導入する地域や利用範囲、利用者を限定するなど既存のタクシーやバスとの役割の分担を十分に考え、問題点を抑えて利点を生かすための工夫が不可欠である。

(2) 「予約・登録証」がバリアになる

　デマンド型の公共交通は、従来の定時定路線型の乗合バスや乗合タクシーとは異なり、需要がなければ運行されない。このことは、サービスを提供する側の視点で見れば「経費削減」として長所になるが、利用者の視点からは、利用する際に「事前予約」が必要となり、「登録証の提示」が義務づけられることが多い。

　「予約する」「登録証を作成する」という行為は、利用者に負担である。まず、定められた時間までに電話などをして予約をしなければならず、面倒である。急に利用したくなったとしても、予約時間を過ぎてしまっていたら、利用できなかったりする。

　三重県玉城町では、町民などに携帯端末を配布して予約しやすくしているが、利用者の9割は電話予約であり、その他は窓口に来て予約するなど、依然としてアナログのツールを利用した予約が多い。

　また「デマンド型の公共交通」とは言っても、導入する自治体により、システムは大きく変わってくる。従来の路線バスや乗合タクシーをデマンドに置き換えた路線があるタイプから、滋賀県米原市の「らくらくタクシーまいちゃん号」や三重県玉城町の「元気バス」のように、路線が定まっていない「面の交通」というタイプまで、千差万別である。

　そうなると居住者であっても、そのデマンド型の公共交通の特徴を理解していないと、利用しづらいと言える。

　別な見方をすれば、居住者であってもわかりづらく利用しづらい制度であれば、非居住者にとれば、わかりづらいだけでなく、利用を排除されてしまうことにもなる。「登録証」という制度は、居住者しか登録できないだけでなく、居住者であっても住所、氏名、生年月日、電話番号などの個人情報を登録しなければ「登録証」が公布されない。それらを他人に知られたくないために登録しない人もいるので、一種のバリアとなっている。

　三重県玉城町の「元気バス」の事例では、ワゴン車には電動車椅子などを乗せるリフトが装備されていないことも「登録制」を採用する

大きな要因である。電動車椅子で利用する人はデイサービスなどの別の輸送手段に回ってもらう必要があるため、登録をする際には、社会福祉協議会の事務局で面談まで行っている。

三重県玉城町でも、「登録制」が一種のバリアになることは認識しており、社会福祉協議会の賛助会員として、年会費1万円を支払った人に対しては、「元気バス」を利用できるようにはしている。玉城町にはアスピア玉城という温泉施設があることから、ここを訪問する人も多いため、このような方法で対応してもよいかもしれないが、その他の地域では、「非居住者用」として運賃を設定し、利用する意思がある人に対しては、サービスを提供できるようにする必要性を痛感している。

これは 7.3 節で述べる「二部料金制」であり、居住者は住民税や固定資産税などで、デマンド型の公共交通を運行する際の「基本料金」に相当する部分を負担している。「元気バス」は、幸い無料で運行しているが、他の自治体などでは低廉ながら運賃を徴収している。低廉ながらでも、運賃を徴収している部分は「従課運賃」に相当する。非居住者は、基本料金(運賃)を支払っていないことから、居住者とは別に基本運賃に相当する金額を含んだ運賃を設定すれば、デマンド型の公共交通を利用したい非居住者にとっても、便利であるだけでなく、利用できる環境が提供されることになる。

次節では、路線バス・乗合タクシーとして運行されているときに、モビリティー・マネジメントを活用して、利用者を増やす方法を摸索する。

7.2 MM(モビリティー・マネジメント)の導入

(1) MM とは

モビリティ・マネジメント(Mobility Management：以下 MM)とは、主に心理学的な手法を用いて、自動車に依存した交通体系から、公共交通や自転車・徒歩なども含め、社会にも個人にも望ましい方向へ、自発的に交通行動を変化させることを促す取組みである。

従来から「自発的な行動変容」をサポートすることを目的とした、公共交通の利便性の向上や料金施策など(Pull 施策)や、自動車の利用規制や混雑する道路に対する課金施策など(Push 施策)などは存在した。コミュニケーション施策と適切に組み合わせることで、「自発的な行動変容」をより大きく期待できる MM の展開が可能となる。

なお、財源や合意形成の問題などのために、しばしば、上記のような「交通運用改善施策」の実施が難しい場合がある。その場合には、それらの施策を「一時的」に実施するだけでも、「自発的な行動変容」をサポートすることができる。

MM の実施の対象は、一般の人々や各種の組織であるが、施策の中心は「コミュニケーション」である。それらを通じて、一般の人々や各種の組織が、道路渋滞や環境問題、あるいは個人の健康といった問題に配慮しつつ、過度に自動車に依存した状態から、公共交通や自転車・徒歩などへモーダルシフトを促し、自動車を「賢く」使う方向へ自発的な転換を促す。

MM の基本的な考え方は、以下の 3 点である。
① 交通問題を社会問題として捉える
② かしこいクルマの使い方を考える
③ 持続的に展開する

①に関しては、「交通」という現象は、物理的な現象や経済現象として捉えられてきた。それらの考えに鑑み、多くの交通政策は作られてきた。だが MM は、交通問題を個々の人間が引き起こす「社会問題」、つまり「社会的ジレンマ」であると考える。そのうえで、個々の人間や組織および地域コミュニティの意識と行動が、自発的に変化することを目標に、「心理学的手法」を用いて様々な働き掛けを行っていく行為である。

②に関しては、自動車は機動性に富んだ利便性の高い交通機関ではある。だが過度に自動車に依存した生活は、公害などによる環境破壊や健康被害、交通事故の増加、中心市街地の空洞化や公共交通の衰退など、様々な問題をもたらすため、もろ刃の剣である。

MMは、自動車を否定するのではなく、自動車と賢く付き合う社会をめざしている。自動車の利用を抑制し、公共交通の利用促進を図るような活動を展開する。こうした考え方に基づき、日本では「賢いクルマの使い方を考えるプロジェクト」といった名称で、様々なMMが展開されている。

③に関しては、自動車は便利で快適な社会生活をもたらすため、なかなか手放すことは難しい。それゆえ「クルマと賢く付き合う社会の構築」は、決して容易ではないことから、持続的にマネジメントを継続させる必要がある。

MMは、自発的に交通行動を変化させるための「コミュニケーションを中心とした一連の取組み」である。その中でも、コミュニケーション施策が、自発的な行動変容を導く、最も基本的な方法である。

実施当初は、「コミュニケーションで交通行動が変わるのか」と、MMに対しては懐疑的な意見も多かったが、コミュニケーションを通じて人々の意識や認知に直接働き掛けることで、10%程度の人が自家用車から公共交通へモーダルシフトが実現している。「10%程度か」と思われるかもしれないが、10%程度であっても自家用車から公共交通へモーダルシフトが進むと、道路交通渋滞は緩和される。

海外では、トラベル・フィードバック・プログラム(以下：TFP)という、大規模かつ個別的にコミュニケーションを実施して、成果を上げている。

(2) 取組み事例

大規模なTFPを実施した事例として、オーストラリアのパースが挙げられる。パースは、インド洋に面したオーストラリアの西部に位置した都市であり、2015年度の都市圏人口は197万人である。これだけの人口規模になると、軌道系都市交通を整備するか、交通規制を実施しなければ、道路交通渋滞が激化してしまうことから、パースでは1999年から家庭訪問を主体とするTFPを行った。

2000年に南パース市で全世帯を対象としたTFPを実施したところ、

同市の自動車分担率は1割近く低下した。その一方でバス利用者は、3〜4割程度も増加する成果が得られた。4年後の2004年の調査でも、ほぼ同水準の効果が確認されている。

パース都市圏ではこの成功を受け、都市圏全域の数十万世帯を対象にTFPを実施することになった。その結果、豪州各地や英国をはじめとする欧州諸国でも、大規模なTFPを実施する機運を作った。

TFPの実施方法として、個人宛に手紙を出したり、新聞などのマスコミを通した大々的な働き掛けもある。さらに、交通問題に対する関心が深い人に集まってもらい、ワークショップを実施する方法などもある。

TFPのような各種の取組みを実施するには、それをマネジメントする主体が不可欠である。一方で、そうした取組みを持続的に展開することで、マネジメントを実施する主体が、行政だけでなく地元企業や市民団体なども含め、より多様となり、かつ組織横断的で機動性のある高度な水準へと発展することが期待される。最終的には、これらの活動を通して、より効果的にモビリティの質的改善が可能となる。

MMの取組みには、「MM施策を実施する」ということだけではなく、当該地域のMMの実施組織を「育てていく」ことも重要な一要素として含まれる。

MMは、日本では1999年頃から始められた比較的新しい交通政策の考え方である。これまでにTDMなどの様々な取組みが行われてきたが、日本のMMと言えば京都府宇治市の「職場MM」や茨城県竜ケ崎市の「居住者対象MM」、筑波大学が実施するMMの事例が参考となるだろう。

筑波大学が実施するMMは、大学を挙げて、教職員だけでなく、学生も巻き込んで実施しているため、紹介することにしたい。筑波大学は、茨城県つくば市に立地しているが、つくばエクスプレスが開業するまでは、JR常磐線などからも離れていたため、教員の75%は自家用車で通勤していた。その結果、バスの分担率は8%弱という水準であった。

ところが 2005 年 8 月につくばエクスプレスが開業すると、秋葉原からつくばまで 1 時間で到着するようになり、東京に在住の学生も自宅通学が可能となった。そこで最寄りのつくば駅（つくばセンター）からのバスの頻度を、約 4〜5 倍とする抜本的な改革に取り組んだ。そして大学関係者専用の割安な年間パスを、学生が 4,200 円/年、教員が 8,400 円/年で販売するようにした。さらにバス利用を促すため、メッセージと地図および時刻表、年間パス申し込み票を収めたリーフレットを、全学生と教職員に配布するワンショット TFP を実施した。

その結果、筑波大学では、自動車通勤の割合は約 2 割も減少し、バスの利用率は 2 倍以上となった。ワンショット TFP 後には、全体のバス利用者も 1.7 倍以上となっている。

これらの結果から、適切な公共交通システム改善とコミュニケーション施策により、公共交通の利用促進や自動車分担率の低下が可能であると言える。またつくばエクスプレスの開業などは、交通地図が塗り替わる大変化である。その潜在的な有効性を高めるためにも、適切なコミュニケーション施策の併用が、極めて重要であると言える。

今後の MM であるが、モビリティを改善するための「世論」と「財源」の双方が形成されることが期待される。個人の意識と行動が変わり、社会的により望ましい「交通手段分担率」が実現すれば、公共交通の利用者が増えて、交通事業者の収益が改善される。交通事業者のサービスが改善されれば、より質の高い公共交通を求める「世論」が形成されることになる。

言うまでもなく、地域モビリティを改善する際に、交通工学や交通計画についての各種「技術」が不可欠である。そうした技術が実際に活用されるための「世論」や「財源」といった社会的な風潮を形づくることを通じて、MM はより抜本的、本質的に、地域モビリティの水準、そして社会的な厚生水準の向上が実現する。各地における今後の MM の展開は、こうした視点から、長期的に評価していくことが重要となる。

(3) バスマップの作製

　見知らぬ土地では、路線バスは非常に利用しづらい。土地勘がないうえ、系統などもわかり辛い。バス停などにバスマップがなかったり、あったとしてもデフォルメされ過ぎているため、方角など、どの位置にいるのかがわからないだけでなく、バスがどのように流れて来るのかもわからず、利用する際に不便極まりないのが実情である。

　バス停を降りた後も、バスマップに公共施設などが掲載されていないため、バスを降りてから自分が行きたい目的地まで、何を目印に進めばよいのかわからない。系統番号も、方向とは無関係に設定されているだけでなく、非常に複雑であるから、その土地の住民ですら、全く理解できなかったりする。

　方向などが正しく、バスの流れがわかるバスマップがあれば、利用の促進につながる。欧米はもちろんであるが、東南アジアの国々でも案内所に行けばバスマップが用意されており、無料でもらうことができる。正確なバスマップは誰が使用しても擦り減ることがないため、「公共財」であると同時に MM のツールでもある。

　特に転入者が、路線バスの情報を欲しがっているため、バス事業者・行政にプラスして地域住民も加わり、正確なバスマップの作製と配布の必要性を述べる。

　民間の全国バスマップサミット実行委員会が、年に1回ぐらいの頻度で「全国バスマップサミット」を、オムニバスタウンに指定されるような中規模都市で開催している。イベントの名称は「全国バスマップサミット in〇〇」であり、「〇〇」に開催される都市名または都道府県名が入るように、実質的な事務は開催地が担当する。

　環境省の EST モデル事業の一環の「公共交通利用促進フォーラム」というイベントも、同時開催されることもある。2008 年は、新潟市で「全国オムニバスサミット」が開催され、次の日から「全国バスマップサミット in 新潟」が新潟市で開催されるなど、両者が関連イベントであると、新潟市の HP などで PR していた。

表 7-1　バスマップサミット開催地とバスマップの名称

回 数	日 時	場 所	バスマップの名称
第 1 回	2003 年 11/7〜11/8	岡山市の岡山県総合福祉会館	ぽっけえ便利なバスマップ、のんべえ便利バスマップ
第 2 回	2004 年 9/18〜9/19	福井市の福井大学アカデミーホール	ふくいのりのりマップ、ばすでんしゃねっと・ふくい
第 3 回	2005 年 11/5〜11/6	松江市の松江テルサ、島根大学大学会館ほか	どこでもバスネット、どこでもバスマップ、のんべえマップ
第 4 回	2007 年 3/3〜3/4	仙台市の仙台市市民活動サポートセンター	100 円パッ区マップ
第 5 回	2007 年 10/13〜10/14	広島市のホテルニューヒロデン、広島市まちづくり市民交流プラザ	バスの超マップ
第 6 回	2008 年 11/1〜11/2	新潟市の天寿園	にいがた都市交通マップ
第 7 回	2009 年 10/10〜10/12	那覇市の那覇市厚生会館	バスマップ沖縄
第 8 回	2010 年 10/30〜10/31	東京都杉並区の杉並区産業商工会館	Bus Service Map
第 9 回	2011 年 11/12〜11/13	青森県弘前市の弘前市立観光館ほか	「情報誌」ほっと
第 10 回	2013 年 2/16〜2/17	札幌市の札幌エルプラザ	なまら便利なバスマップ
第 11 回	2013 年 9/15〜9/16	高松市の丸亀町レッツホール	行ってんマイ 高松市バスマップ
第 12 回	2015 年 2/7〜2/8	京都市のキャンパスプラザ京都(2/7)、姫路市の姫路駅北口駅前広場(2/8)	
第 13 回	2016 年 5/14〜5/15	松山市の愛媛大学	
第 14 回	2017 年 2/18〜2/19	横浜市の横浜にぎわい座他	

出典：堀内重人『地域で守ろう！鉄道・バス』学芸出版社刊 2012 年、全国バスマップサミットとは。http://www.rosenzu.com/busmap/syoukai.html を基に作成

第 1 回のバスマップサミットは、2003 年に RACDA の岡將男会長（現：NPO 法人公共の交通ラクダ）が中心となり、岡山で開催した。その後は、福井、松江、仙台、広島、新潟、那覇、東京、弘前、札幌、高松、京都、姫路、松山と 1 年ごとに場所を変え、2017 年 2 月には 14 回目を神奈川県の横浜市で開催した。

　表 7-1 に、今までのバスマップサミットの開催地と幹事団体が作成したバスマップの名称を示した。

　バスマップサミットは、例年、2 日にわたって開催され、日本全国から毎回 100 名程度の参加があり、市民団体だけでなく、研究者や大学関係者、行政関係者、そしてバスマニアも参加する。

　初日には、午前中にプレイベントとして、開催地におけるバス路線の現状調査や試乗などが行われることがある。バスマップサミットが始まると、専門家による基調講演が行われたりする。

　2 日目は、パネスディスカッションや WS という形で、路線バスを中心とした公共交通の未来を見据えた熱い議論が交わされることが多い。懇親会や分科会は、参加者の親睦を深める以外に、バスマップ作成のノウハウの交換が行われる。

　表 7-1 でバスマップサミットの開催地を示したが、幹事団体になっている場合にはバスマップを作成していることが多い。自治体などから委託を受け、無償で市民に配布している幹事団体もあれば、200～300 円程度で販売している幹事団体もある。

　無償で市民に配布している幹事団体の中には、新入学の大学生や転入者に対して配布するところもある。見知らぬ土地に住むようになった人は、バスをはじめとした公共交通に関する情報を欲しがっている。公共交通の利用者を少しでも増やすには、これらの人に役所で配布することが効果的である。バスマップは、先ほど説明した MM を展開するうえで重要なツールである。中には、国から支給される公共交通利用促進円滑化事業費補助を活用してバスマップを作成した幹事団体もある。

有償で販売している幹事団体は、販売で得た費用を活動資金としたり、年に一度の改定を行う費用としていたりする。

別の見方をすると、有償にすれば希望者しか買わないことになるため、市民に受け入れられたか否かを判断する指標になる。

有償で販売する幹事団体も、無償で配布する幹事団体も、バスマップは紙媒体に印刷されていることには変わりはない。中には、紙媒体に印刷せずに、インターネットで閲覧が可能になるようにしている幹事団体もある。これは、2〜3名程度で活動している幹事団体に見られる。紙媒体に印刷して出版しようとすれば、作図・校正・印刷・販売などの手間を要するからであり、少人数の幹事団体では、人材面や資金面などを加味して考えると厳しい。その点、インターネットで閲覧が可能とすれば、作成したバスマップに誤りがあった場合や、バスの路線などが変更になった場合であっても、簡単に変更が可能である。

だがインターネットなどでバスマップを閲覧しようとすれば、パソコンやスマートフォンなど、インターネットと繋がる環境が不可欠である。最近では、飲食店などでも Wi-Fi に繋がる環境が整備されているため、この方面のバリアは低くなっているが、バスを最もよく利用する高齢者は、インターネットなどのデジタルツールが苦手である。

その点、紙媒体は、折り畳めるため、持ち運びが自由である。また日本語がわからない外国人であっても、大まかな概要を把握することが可能である。

表 7-2 に、紙媒体によるバスマップとインターネット閲覧のバスマップの長所と短所をまとめた。

「バスマップ」といえば、昼間用を連想される方も多いと思われるが、"のんべえマップ"という夜用のバスマップを作成している幹事団体もある。筆者は彦根市でバスマップの作製に携わったこともあるが、午後 8:00 を過ぎると街が閑散とするため、"のんべえマップ"は無理だとわかった。"のんべえマップ"は、夜でも賑わいのある都市や地域向けである。"のんべえマップ"には、最終のバスの時刻表まで掲載されているから、このバスマップを持っていると、安心して二次会まで

参加することができる。そのためバスマップは、夜の観光に貢献しているとも言える。

結果的には、"のんべえマップ"を作成することで、バスの利用促進や夜の観光への貢献だけでなく、飲酒運転の解消にも貢献していると言える。

次節では、「登録証」を持たない非居住者であっても、公共交通を利用しやすくする「二部料金制」について述べる。

表7-2 紙媒体とインターネット閲覧の長所と短所

種類	長所	短所
紙媒体	・折り畳んで持ち運べる。 ・外国人でも、大まかな概要が理解できる。	・作成に時間と労力、資金が必要。 ・変更がしづらい。
インターネット閲覧	・校正、印刷、販売の手間が省ける。 ・誤りや路線の変更があった際、素早く対応が可能。	・パソコンやスマートフォンなどの機器が必要。 ・インターネットと繋がる環境が必要。 ・高齢者が苦手。

出典:堀内重人『地域で守ろう!鉄道・バス』学芸出版社、2012年刊を基に作成

7.3 二部料金制の採用

(1) 二部料金制とは

「二部料金制」とは、電話料金と同様に「基本料金」プラス使った量で支払う「従課料金」で構成されるシステムである。「基本料金」は、使う使わないにかかわらず徴収されるため、事業者は確実に収入が見込めることになる。乗合バスでは、青森県の鰺ヶ沢町の深谷地区で採用している。

鰺ヶ沢町の深谷地区は公共交通空白地域であり、「住民参加型の乗合(路線)バス」が誕生するまでは、高齢者が通院や買い物で外出するには家族に自家用車で送迎してもらうか、タクシーを利用するしか方法がなかった。

鰺ヶ沢町の路線バスは、青森県弘前市に本社を置く弘南バスが運行を担っている。弘南バスであれば、1931年から乗り合いバスを運行している実績があるうえ、東京方面を結ぶ高速バスなども運行しているから、安定した輸送が行える。

　だが弘南バスの路線バスとして運行すれば赤字必至であったため、「住民参加型の乗合(路線)バス」という形が採用された。その特徴として以下の2点が挙げられる。

　①　地域住民が毎戸、バス利用の有無にかかわらず、毎月一定額のバスの回数券を購入する。
　②　住民代表、バス事業者、行政担当者から構成される「路線バス運行協議会」を設置する。そしてバス利用の実態、運行経費、事業者への要望などを定期的に相談する。

　鰺ヶ沢町の深谷・細ヶ平・黒森地区の場合には、当初一世帯当たり毎月1,000円分(現在は2,000円)を購入することにした。この場合、一世帯当たりの毎月2,000円の負担が、基本料金に相当すると考えてよい。これにより弘南バスには、一定の収入が担保される。そして地域住民は弘南バスに対して、地域住民の利用に配慮したダイヤなどの要望を提出した。双方が協力して支え合う形で、1993年8月1日から乗合バスを運行することになった(図7-1)。

　公共交通を活性化させるために「地域協議会」などが結成される場合には、地元の名士や大都市にある大学教授などがメンバーとなることが多く、平素は地元の公共交通を利用しない人たちが中心となって会議が進んでしまうこともある。しかし鰺ヶ沢町の深谷地区では、「地域住民」がメンバーとして加わっていることに意義がある。

　次に宮城県石巻市の「住民バス」について言及する。石巻市は、宮城県の北東に位置する人口が約16万人の都市である。石巻市内のバス路線のうち、7割強に当たる13路線・22系統が、赤字を理由に廃止計画が浮上した。

7. 安易にデマンド型交通を導入させない対策　*169*

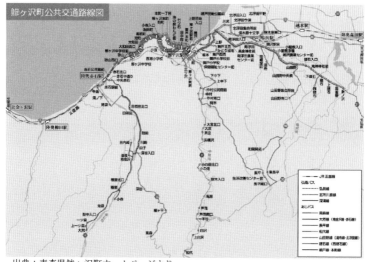

出典：青森県鰺ヶ沢町ホームページより
図 7-1　青森県鰺ヶ沢町の「住民参加型乗合(路線)バス」運行図

　もし本当にこれらの路線が廃止されてしまうと、石巻市内には公共交通空白地域が多数存在することになる。石巻のような地方都市では、郊外に行けば校区が広くなるために小中学生もバスで通学している。バスが廃止されると、高齢者の通院だけでなく、小中高校生も困ることになる。

　そこで石巻市とミヤコーバスは、2007年4月以降に、ミヤコーバスが廃止を予定している地域だけでなく、乗合バスの路線がない地域住民の足を確保する目的のために協議を重ね、石巻市は2007年3月に地域交通計画を策定した。路線バスがなくなる地域や、もともとない地域は、極力、住民が主体となった「住民バス」を推進することになり、2008年度から試験運行を開始した。

　一方のミヤコーバス側は、「赤字路線の廃止後も運行の委託があれば、受諾するなどの形で事業協力を継続したい」との意向を示した。そのため荻浜地区の住民バスは、ミヤコーバスが運行委託を引き受けている。

住民バスは、マイクロバスやワゴンを用いて、移動手段を持たない高齢者らの生活利便性のために運行する。住民バスの運営主体は、各地区の住民バス運営協議会である。住民バス運営協議会は、地域住民の代表者たちで組織している。そこで、地域の実情に沿って2008年度から1年間の試験運行を行い、その得られたデータを2009年度からの本格運行に生かすことにした。

新たに住民バスが試験運行されるのは、河北、雄勝、河南、桃生、北上の5地区である(**図7-2**)。これで今まで路線バスがなかった河南地区は、公共交通空白地域から解消されることになった。運賃は、受益者負担の考えに基づいており、距離に応じて設定した。だが利用者の負担とならないように、200〜400円に設定した。

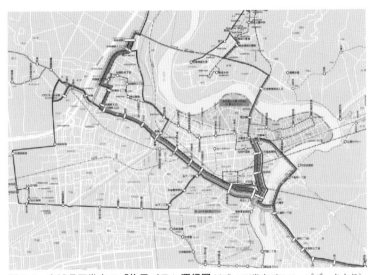

図7-2　宮城県石巻市の「住民バス」運行図(出典：石巻市バスマップデータより)

住民バスは、地域住民が主体となって運行しているため、運賃とは別に1世帯当たり賛助金の出資を行っていた。この場合、運賃は「従課料金」であり、賛助金はバスを利用するか否かにかかわらず支払う

必要があるため、「基本料金」と考えてよい。賛助金の金額は地域によって異なり、2011 年 3 月 11 日の東日本大震災が発生するまでは、年間 1 世帯当たり 500〜1,000 円程度の地域もあれば、荻浜地区のように年間 1 万円も徴収する地域もあった。これらの費用は、各運営協議会に支払っていた。

　東日本大震災後は、震災対応のために賛助金は徴収しておらず、東日本大震災が発生するまでは無料であった荻浜地区の住民バスの運賃や、200〜400 円であった他の路線も、震災対応のためにすべての路線が 100 円となっていた。現在は、河南地区と稲井地区は乗合タクシーとなり、区間制の運賃となった。その他は、マイクロバスで 100 円均一である。萩浜地区の住民バスは、78 条でマイクロバスを用いており、100 円均一運賃である。

(2) 二部料金制導入に向けた課題

　鰺ヶ沢町の深谷地区の路線バスや「登録証」が必要なデマンド型の公共交通はクラブ財である。これは準公共財の一種ではあるが、フリーライダー(賛助金を払わない人)や「登録証」を所有していない人を比較的簡単に排除でき、その財の利用に応じた課金が可能な財である。当然のことながら非競合的な財であり、かつ排除的な財であるが、非常に少数の人しか利用することができない公共財となってしまう欠点がある。

　だが斎藤峻彦氏[1991]は、クラブ財の最大の長所として、「会員の工夫や努力を反映した公共交通の魅力向上を容易に実現することができる点である。不採算バス輸送のクラブ財化に伴う問題は、超過需要がもたらすサービスの品質低下問題であるよりも、乗合バスに対する潜在需要の支払い意思をいかに確実に価格機構に取り込むかという問題である」としている[注1]。さらに斎藤氏[1991]は、農山村地域がクラブ財の導入に最も適していると指摘している。理由として、以下の 2 点

(注1) 『交通市場政策の構造』中央経済社、p313 を参照されたい。

を挙げている。
① 公共交通喪失に対する危機意識が高い。
② クラブ財化に伴う運賃の低下が公共交通への需要転換や誘発需要を招く可能性が高い。

以上のような理由から、「二部料金制の趣旨を生かせば、会員が一律に負担するクラブ料金（基本料金）と乗車の際の運賃（従課料金）を、バス存続に要する固定的費用と可変的費用に対応させる方式が望ましい」としている[注2]。

(3) 筆者が考える二部料金制

地方の不採算の乗合バスに関しても斎藤峻彦氏[1991]は、「公的補助に頼ってサービスのミニマム水準を確保するか、それともクラブ組織の設立により、サービスの好ましい水準を確保するかの選択肢が成立する」としたうえで、「顕在需要と潜在需要が現実に乖離している以上、供給費用に関する関係消費者の一律的な費用分担よりも、二部料金制度に準じた費用負担制度の導入の合理性が示唆される」いう旨を述べられている[注3]。自治体の財政事情も厳しく、補助金に頼るやり方は難しくなっているうえ、奥山氏[注4]や小嶋氏[注5]の言うように補助金漬けがバス事業者を駄目にした面もある。そのため二部料金制を採用する方法を検討しなければならない。

かつての宮城県石巻市の「住民バス」の事例では、賛助金という形で各世帯に基本料金に相当する部分を負担させていた。それ以外に、基本料金の部分を利用者に負担させるのではなく、「協賛金」という形で地域の企業に負担させる方法もある。実例を挙げると、京都市の「醍醐コミュニティーバス」や「生活バスよっかいち」などが該当する。

(注2) 『交通市場政策の構造』中央経済社、p313 を参照されたい。
(注3) 『交通市場政策の構造』中央経済社、pp312〜313 を参照されたい。
(注4) 奥山修司『おばあちゃんにやさしいデマンド交通システム』NTT 出版、2007 年 8 月の著者。
(注5) 小嶋光信・森彰英『地方交通を救え！』交通新聞社、2014 年 8 月の著者。

「醍醐コミュニティーバス」が運行される京都市や、「生活バスよっかいち」が運行される四日市市は、協賛金を出資してくれる企業や病院などが多くあるため、このような運行形態を採用できる。

だが、弘南バス深谷線が運行される深谷地区や、「住民バス」が運行される石巻市の過疎地では、企業どころか病院も満足にないため、「協賛金」による二部料金制を導入することは困難である。

2011年4月から開始した生活交通サバイバル戦略は、単独の自治体内だけを運行する乗合バスに対する欠損補助が行われず、新規に開設されるデマンド型の公共交通に対しては、欠損補助が支給される。筆者は、各自治体が乗合バスを廃止して、国から欠損補助がもらえるデマンド型の公共交通へ移行させることを恐れている。実際に滋賀県高島市では、コミュニティーバスからデマンド型公共交通への転換が実施された。

デマンド型の公共交通は、「効率的である」という意見が多いが、滋賀県のように路線と時刻があって、利用したい日時とバス停名を予約するタイプであれば、予約が重なっても問題は少ないが、中には利用者の希望する日時と場所へ迎えに行くデマンド型の公共交通も存在する。後者のようなデマンド型の公共交通の場合、予約が多数入ると各個人に個別に対応しなければならなくなるため、乗合バスよりも非効率になってしまう。つまりデマンド型の公共交通は万能ではないのである。

そのため国から欠損補助が支給されるというだけの理由で、乗合バスを廃止してデマンド型の公共交通へ移行することは慎重にならなければならない。

さらに「要予約」となる以外に、「登録証」の提示が求められる可能性が高くなってしまう。筆者は、クラブ財化や「登録証」制度を問題視しているのではなく、「登録証」を持参しない人を排除するシムテムが問題であると考えている。

そこで筆者は、居住者と非居住者で異なる運賃を適用する方法を提案したい。この方式は、離島航路などの一部で「往復運賃」という形

で実施されており、離島の住民の方が内地の住民よりも割安な運賃でフェリーを利用できるようになっている。この場合、離島住民は免許証や保険証などの住所などがわかる証明書を提示することになる。

「登録証」を提示する方式では、非居住者は利用する意思や運賃支払い能力があっても、利用することができない。居住者は、固定資産税や都市計画税などを支払っているため、これを「基本料金(運賃)に相当する部分」と考えることもできる。固定資産税や都市計画税を支払っていない非居住者は、乗合バスを利用する際は、「基本料金(運賃)」部分も含めた運賃を払うようなシステムにすれば、利用する意思や運賃支払い能力を有する人を排除することにはならず、その分だけ増収につながる。この場合の差額は、居住者運賃の2倍を超えることは望ましくないと考える。

7.4 持続可能な地域をめざして

(1) 安易な幼稚園・小学校の統廃合を控える

学校教育の環境を改善することは、次世代を担う子供が社会出たときに必要となる基礎学力の取得だけが目的ではない。自立心の向上や社会生活を送るための協調性を涵養し、互いに切磋琢磨することで人間形成を行うための基盤となる。

だが昨今では、少子高齢化の進行や、社会情勢の多様化に伴い、児童生徒数は日本全体で減少傾向にある。特に過疎地などでは、この問題は顕著である。生徒数が減少してしまうと、教室が効率良く使用できないため、複式学年を編成するなどの問題だけでなく、学習活動の発表会や運動会などの実施が困難になるなど、少人数に起因する支障が生じる。

子供たちには、より良い教育環境を提供しなければならないが、厳しい財政事情からの運営の効率化、将来的に児童・生徒数が増える見込みがないことを理由に、幼稚園、小学校、中学校の統廃合が計画されたりする。

だが幼稚園・小学校は、「子育て」という面で非常に重要であり、安易に統廃合を進めると、人口減少に直面するという問題点もある。幼稚園や小学校が統合されてしまうと、子供はスクールバスで通学・通園するか、親が自家用車で送迎する必要性が生じてしまう。スクールバスで通学させるようになると、各自治体がバスの運行経費を負担する必要が生じる。親が自家用車で送迎するとなると、金銭的な問題だけでなく、精神的・肉体的にも負担となる。これでは子育てがしづらい。

　中学校ぐらいになれば、体は大人並みに大きくなるために、自転車で通学したりするようになり、親の負担は減少するかもしれないが、クラブ活動という面で支障が生じる。中学生になれば、クラブ活動に参加する生徒が多い。生徒数が少なければ、野球などのチーム編成が必要な体育系クラブは、存続が難しくなることも事実である。

　各自治体の財政事情も厳しく、児童数・生徒数が増える見込みがない場合、学校の統廃合は必要であるが、従来のように幼稚園同士の統廃合や小学校同士、中学校同士という水平の統廃合は改めるべきである。

　統廃合を行うのであれば、幼稚園と小学校、小学校と中学校というような垂直の統廃合を実施しなければならない。幼稚園の傍に小学校があったり、小学校の近くに中学校があったりするケースも多く、そうすることで通学に支障を来たしにくい。

　ただ幼稚園と小学校、小学校と中学校を統廃合すると、「幼稚園児と小学生間のトラブルや、小学生と中学生のトラブルが生じる」と危惧する意見も多いが、徳島県にある私立の生光学園[注6]では、同じ敷地に

(注6) 1947年に、徳島市に生光商業専門学校として設立され、今では幼稚園から高校まで持つ総合学園である。教育方針は、少人数教育、基礎学力の充実、国際理解を身につける独創的な英語教育、挨拶・マナーなどであり、1986年に「三ない運動」後としては全国で初めてバイク通学を解禁したことで知られており、本田技研工業の協力の下で、「安全」という総合学習の中では、交通安全教育の一環としてバイクの乗り方を授業に取り入れている。

幼稚園から高校まで存在している。そうなると、幼稚園から高校まで生光学園で過ごす生徒もいる。

筆者は、生光学園が「安全」という総合学習の時間にバイクの安全な乗り方の授業を行っているから、その現場を見学させてもらいたく、同校を訪問したことがある。その時に筆者は、担当であった副校長先生に、「同じ敷地内に幼稚園から高校まで存在しているため、小学生と中学生、中学生と高校生などのトラブルは生じたりしないのでしょうか」と質問をした。すると生光学園の副校長先生からの回答は、「そのようなことはありません。むしろ幼稚園児から高校生まで同じ敷地に同居することで、上の子は下の子を思いやる心が育まれる」であった。

筆者は、幼稚園時代は幼稚園児だけ、小学校は小学生だけ、中学校は中学生だけ、高校は高校生だけの学校であったため、総合学園は全く経験しておらず、体つきが異なるため、いじめなどのトラブルが生じると思い込んでいた。

生光学園の副校長先生の話を聞き、総合学園になれば上の子が下の子を思いやる心が育まれることを知っただけでなく、幼稚園から高校まで14年間も生光学園で過ごすと、学校に対する愛校心も育まれると感じた。

それゆえ水平の統廃合には反対であり、統廃合を実施するのであれば、垂直の統廃合を実施すべきだと感じるようになった。

(2) 病院・医院の維持

病院・医院は、高齢者にとって重要であるだけでなく、子供を持つ家庭にとっても重要である。幼稚園・小学校ともども、「社会インフラ」として考え、「不採算」や「医師不足」を理由とした安易な廃止や統廃合は慎むべきである。

病院の中でも公立病院は、赤字続きで統廃合が進んでいる。過疎地や中山間地などの人口が希薄な地域では、病院の経営が大変であることは確かであるが、昨今では東京都区内でも、公立病院の統廃合が実施されたりする。

病院の経営には膨大な経費が掛かる。病院が大きくなれば、光熱費なども大きくなる。CT、MRIのような高額な医療機器だけでなく、小さな医療機器も壊れたりする。たとえ壊れていなくても、定期点検が必要である。また患者を預かるということから、防犯設備などの設備の維持費も要する。また公立病院の場合は、病院側が積極的に高額な治療を患者に勧めることもできないという制度上の問題点もあり、収支バランスを取るのが難しくなっている。

それ以外の要因として、自己負担額が1割から3割に増加したことも挙げられる。これにより気軽に病院へ行けなくなってしまった。

国は医師不足を解消するため、医学部の定員を増やすなどを行ってきた結果、毎年多くの医師が誕生するようになったが、公立病院では医師不足が原因で、やむを得ず統廃合を行う事例も見られる。

公立病院で医師が定着しない理由として、以下のような理由が挙げられる。

① 医師の給料が安い。
② 受診する患者は税金を払っているから、「文句を言って何が悪い」という態度の患者が多い。
③ 議員の介入等により、病院の自主性を発揮できない場合がある。
④ 風邪などの全く救急でない患者が、「救急」と称して午前2〜3時に受診したりする。
⑤ 設備の老朽化や陳腐化が進んでいる。
⑥ 医師と比較して一般職員の給料が高い。

①に関しては、内科医を募集する際、「月給150万円＋諸手当」でも応募がなく、大阪の病院で麻酔科の医者を募集する際、「月給300万円＋諸手当」という条件を提示しても、応募がなかったというぐらい、医師不足は深刻化しているという[注7]。それなのに一部の大学の内科系では医師が余りつつあり、派遣してくれる医局が出てくるようになっ

(注7) 麻酔科医を手術ごとに来てもらって、1回の手術で30万円程度支払う場合もあるという。

たという。

②に関しては、モンスター患者とかモンスター家族が増えており、小児科は出産時に胎児や妊婦が死亡すれば、高い確率で医療ミスとして、医師が裁判に訴えられる。

95％成功する手術で患者が死亡したりすれば、患者の家族は「治って当たり前、死んだのは医師のミス」とされ、裁判次第では下手をすれば医師免許が剥奪されてしまう。

筆者は、医療問題の専門家ではないが、医学部の採用方法を工夫してもよいと考えている。自治医大のように、6年間の授業料は免除される代わりに、医師になって6年間は僻地などの病院へ勤務することを義務付ければよいと考える。その際、入学試験も、従来の偏差値重視から「何故、医師になりたいのか」を重視する人物本位の面接を重視した選考へ改めるべきだろう。

そうすることで、家が貧しくて医師になることを諦め、他の学部へ進学した社会人などを入学させるようにすれば、高校を卒業してすぐに医学部へ来る学生よりも、勉学に対する意欲が高く、過疎地や僻地の医師不足も少しは緩和する方向へ向かうような気がする。

経営難に対しては、「病院は地域の社会インフラ」と位置付け、各自治体が地方交付税で公立病院の損失を補填しながら運営する方法が望ましいと考える。

7.5　筆者が考える過疎地の公共交通の姿

（1）　幼稚園・旅館・自動車学校のバスの活用

路線バスを設定するだけの需要が見込めない地域でも、幼稚園や自動車学校、旅館が存在することもある。幼稚園や自動車学校、旅館では、園児や生徒、お客さんに利用してもらうため、独自に送迎用のバスを所有して、園児や生徒、お客さんの送迎を実施している。しかし幼稚園や旅館では、これらの車両は昼間に遊んでいることが多い。

第2章で述べた京都府の京丹後市では、昼間に遊んでしまうスクー

ルバスを用いて、地元の高齢者の通院や買い物の足として活用する事例を紹介した。幼稚園や旅館では、朝の8時台に通園やチェックアウトするお客さんが多く、通院する高齢者などの地域住民を便乗させ、地域住民の足を確保する方法もある。

ただ幼稚園のバスは、園児が利用することを前提に設計されているため、座席間隔が狭いなどの問題点がないわけではないが、最寄りの乗降地点と病院までの乗車であるから、時間的にも短く、大きな問題に発展することはないと考える。

午前10時頃に宿泊客はチェックアウトするため、旅館のバスは、その後はパート社員などの送迎車として使用されることもあり、それに地域の高齢者などを便乗させればよいだろう。旅館にとっては、新たな出費はほとんどなく、徴収する運賃分だけ増収になる。

自動車学校のバスであるが、駅と自動車学校をピストン輸送することが多く、駅前などに病院やスーパーなどが立地することがあり、自動車学校のバスを活用して、地域の高齢者の輸送を実施すれば、若人の自動車離れが進んで経営環境の厳しい自動車学校にとっても、貴重な運賃収入が得られる。

さらに旅館や自動車学校が、自分たちが所有するバスで地域の高齢者を輸送する利点としては、食堂や売店などの売り上げ増加への貢献がある。旅館や自動車学校のバスは、目的地が最寄り駅だけではない。旅館や自動車学校で、他のバスと乗り継ぎが生じることもあり、旅館や自動車学校は中継地点として機能することになる。旅館には食堂や喫茶店があり、自動車学校にも飲食物を販売する売店や自動販売機が設けられているため、これら設備の利用が増え、物販事業の売り上げ増加にも貢献する。

このように幼稚園や自動車学校、旅館のバスという、その地域に存在する財を活用することで、効率的に高齢者などの交通弱者の日常生活の足を確保する以外に、旅館や自動車学校にとっても館内での消費が増えて、増収増益に貢献するため、地元の住民、幼稚園や自動車学校、旅館だけでなく、新たに欠損補助を投入しなくても済む自治体と

いうように、三者にとって利点のあるシステムと言える。

(2) 郵便局の集配車の活用

四国山脈のように急峻な地域では、自宅まで訪問するデマンドでなければ、足の悪い高齢者は利用できない。ただ各自治体も財政難であるが、そんな地域でも郵便物の配達や集配は行われている。

これらを活用して、地域住民の日常生活の足を確保する方法を提案したいところだが、道路運送法の第83条には、「貨物自動車運送事業を経営する者は、有償で旅客の運送をしてはならない。ただし、災害のため緊急を要するときその他やむを得ない事由がある場合であって、国土交通大臣の許可を受けたときは、この限りでない」という規定がある。

つまり現状では、災害などが起こってやむを得ない場合でなければ、郵便局の集配車などを用いて、有償で旅客輸送ができないことになっている。

だがスイスやオーストリアでは、ポストバスという郵便物と旅客の両方を輸送するバスが盛んである。起源は、国内各地で郵便物を配達する馬車を起源とする公共交通である。現在でも郵便物の運搬にも使われているが、主に旅客を輸送しており、スイスではスイスポスト、オーストリアでは連邦鉄道（öBB）の子会社が運営している。特にスイスポストが運営しているポストバスは、年間の利用者数が1億人に達するなど、地元住人だけでなく観光客にもお馴染みになっている。

スイスやオーストリアのポストバスは、特定郵便局などを回って郵便物を集荷する軽トラックではなく、大型のバスが用いられ、長距離運行を行っているが、何故、スイスやオーストリアでポストバスが発達したのかと言えば、鉄道が登場するまでは郵便馬車が定期旅客交通の主役であったことが影響している。

ポストバスの起源は、1849年にスイスのベルンとDetlingen間で馬車による運行が始まったのが最初であり、1906年6月1日からは、エンジン付きのバスが、ベルンとDetlingenおよびPapiermühleを結ぶ形

で、運行されるようになった。

　それがここに来てドイツでも復活の兆しを見せている。従来は、遠距離交通としてはドイツ鉄道が優遇されており、50km を超える長距離バスの路線開設は、限定的にしか認められていなかった。2013 年に自由化されると、各地で路線開設の動きが活発になった。

　2015 年 12 月 7 日にドイツポスト[注8]は、ベルリンとハンブルグ間で「ポストバス」という長距離バスを利用した「ポストバスクーリエ」という、同日宅配サービスを無試験的に始めた。個人・法人を問わず、利用が可能なシステムであり、旅客と貨物輸送を組み合わせた長距離バスサービスは、ドイツでは最初となる。

　ドイツポストは従来の小包配送に加え、新しく開始するサービスは、主に個人や中小企業によるベルリン〜ハンブルグ間の緊急宅配需要である。バスネットワークを活用し、2016 年からはベルリン〜ハンブルグ以外の都市へもサービスを拡大している。

　日本では、特定郵便局と中央郵便局（日本郵便の支社）を結ぶ集配車の活用を検討してもよいと言えるだろう。

（注 8）ドイツポストは、2013 年より ADAC（ドイツ自動車連盟）と合弁（それぞれ株式を 50％保有）で長距離バスの運営に従事しているが、ADAC は 2015 年、事業から撤退することを発表した。競合他社である大手バス会社に対し、市場でシェアを伸ばすこともできず、収益も損失が続いていた。現在は、その ADAC が持っていた株式の 50％は、ドイツポストが引き継いでいる。

参考文献

[書籍]
- 斎藤峻彦『交通市場政策の構造』中央経済社、1991年
- 鈴木文彦『路線バスの現在・未来 part1』グランプリ出版、2001年
- 鈴木文彦『路線バスの現在・未来 part2』グランプリ出版、2001年
- 寺田一薫編著『地方分権とバス交通』勁草書房、2005年
- 中村文彦『コミュニティバスの導入ノウハウ』現代文化研究所、2006年
- 中村文彦『バスでまちづくり』学芸出版社、2006年
- 土居靖範『交通政策の未来戦略』文理閣、2007年
- 西村弘『脱クルマ社会の交通戦略』ミネルヴァ書房、2007年
- 奥山修司『おばあちゃんにやさしいデマンド交通システム』NTT出版、2007年
- 藤井聡・谷口綾子『モビリティーマネジメント入門』学芸出版社、2008年
- 土居靖範『生活交通再生‐住み続けるための"元気な足"を確保する』自治体研究社、2008年
- 秋山哲夫・吉田樹『生活支援の地域公共交通』学芸出版社、2009年
- 松本幸正『成功するコミュニティバス』学芸出版社、2009年
- 仙田満・上岡直見『子どもが道草できるまちづくり』学芸出版社、2009年
- 堀内重人『鉄道・路線廃止と代替バス』東京堂出版、2010年
- 全国バスマップ実行委員会『バスマップの底力』クラッセ、2010年
- 香川正俊・澤喜四郎・安部誠治・日比野正巳『都市・過疎地域の活性化と交通再生』成山堂書店、2010年
- 堀内重人『地域で守ろう！鉄道・バス』学芸出版社、2012年
- 鈴木文彦『日本のバス』鉄道ジャーナル社、2013年
- 小嶋光信・森彰英『地方交通を救え！』交通新聞社、2014年

[論文]
- 安田堅太郎「福岡都心100円バス試行9ヶ月の成果」『交通工学』2000年 No4
- 土居靖範、「規制改革で深まる都市交通の危機と政策課題」『都市問題研究』2001年12月号
- 土居靖範「まちづくりとコミュニティーバス－増加するコミュニティーバスの成功への道を探る－」『立命館経営学』2002年2月
- 岡並木「コミュニティーバスと自治体－数字にこだわらず住民の本音に耳と目を」『運輸と経済』2002年3月号
- 姫野侑「規制緩和はバス輸送を改革できるか－街づくりの視点からの批判的検討（前編）『運輸と経済』2002年5月号
- 姫野侑「規制緩和はバス輸送を改革できるか－街づくりの視点からの批判的検討（後編）『運輸と経済』2002年6月号

- 新田保次「コミュニティー交通の育成－社会的意義と英国の動向」『運輸と経済』2002 年 9 月号
- 鈴木文彦「規制緩和後のバス事業の動向と展望」『運輸と経済』2002 年 10 月号
- 前田善弘「規制緩和後の乗合バス・サービスの変容-福岡県、西鉄を中心に-」『交通学研究』2003 年研究年報
- 佐藤信之、堀内重人「京都市営地下鉄東西線の延伸」『鉄道ジャーナル』2004 年 7 月号
- 中川大「醍醐コミュニティーバスによる地域の連携」『日本都市計画学会関西支部だより』2005 年 2 月 NO19
- 下村仁士、堀内重人「NPO による交通事業経営の可能性と課題」『公益事業研究』2005 年 3 月
- 「りっとう」栗東市広報、2005 年 7 月発行
- 「りっとう」栗東市広報、2006 年 1 月発行
- 下村仁士「市民参加による公共交通運営の可能性」『交通権』NO23、2006 年 6 月
- 堀内重人「学校 MM(モビリティ・マネジメント)の現状と今後の課題－戦後の子鬱教育の変遷と学校 MM 概論」『交通権』NO27、2010 年 3 月
- 堀内重人「滋賀県のデマンド型交通の現状と活性化策‐湖北町の「こはくちょうバス」の展望」『公益事業研究』第 61 巻 4 号、2010 年 3 月
- 米田卓郎「交通基本法の制定と関連施策の充実に向けた基本的な考え方」『運輸と経済』2010 年 8 月
- 嶋田暁文「交通基本法のあり方と地方分権‐(移動権)を実質化するために何が求められるか」『運輸と経済』2010 年 8 月
- 辻本勝久「地域公共交通の視点からみた交通基本法の対応のあり方」『運輸と経済』、2010 年 8 月
- 藤井聡「高齢者のために"交通基本法"がなし得ること‐『移動権の保障』についての国民の努力義務の明文化と、法律名称の再検討を」『運輸と経済』2010 年 8 月
- 三星昭宏「人にやさしい交通システムの構築と交通基本法」『運輸と経済』2010 年 8 月
- 藤山浩「中山間地域における交通と暮らしの総合政策に向けて‐五つの(共生)の視点」『運輸と経済』2010 年 8 月

［インターネット］
- 京丹後市企画総務部企画政策課公共交通係「路線バスを活用して上限運賃を導入し、乗客を 2 倍に増加」
  http://www.mlit.go.jp/seisakutokatsu/soukou/chiebukuro/PDF/jirei_kyotango.pdf#search='%E4%BA%AC%E4%B8%B9%E5%BE%8C%E5%B8%82%E5%96%B6%E3%83%90%E3%82%B9
- 平成 21 年第 8 回京丹後市議会 12 月定例会会議録(4 号)
  http://www.city.kyotango.lg.jp/shigikai/kaigiroku/2009/200912/teirei/0912-04-091214.

pdf#search='%E4%BA%AC%E4%B8%B9%E5%BE%8C%E5%B8%82+%E6%B9
%8A%E7%B7%9A%E3%80%81%E7%94%B0%E6%9D%91%E7%B7%9A%E3%80
%81%E4%BD%90%E6%BF%83%E5%8D%97%E7%B7%9A+%E3%82%B9%E3%
82%AF%E3%83%BC%E3%83%AB%E3%83%90%E3%82%B9%E6%B7%B7%E4%
B9%97%E6%96%B9%E5%BC%8F'
- 田村たかみつの気になるニュース「2 路線統合 10 月発車草津と栗東のコミュニティーバス」http://blog.goo.ne.jp/tt22totoro/e/04678e4487eefa5824f72121ba173917
- 路線バスを活用した宅急便輸送「貨客混載」の開始について〜路線バスの後部座席を荷台スペースにした開発車両が運行〜
  http://www.yamato-hd.co.jp/news/h27/h27_18_01news.html
- 国土交通省 総合政策局 公共交通政策部「地域公共交通網形成計画・地域公共交通再編 実施計画の作成に当たっての要点・留意点等」
  https://wwwtb.mlit.go.jp/tohoku/ks/new%20page/ks-10270205setsumeikai01.pdf
- 「網野町域・久美浜町域への新たな EV 乗合タクシー運行に向け平成 27 年度第 1 回 京丹後市地域公共交通会議を開催」
  https://www.city.kyotango.lg.jp/shisei/shicho/kishakaiken/201504_201603/documents/20150529_2.pdf
- 米原市:「まいちゃん号」エリアの特製に応じたデマンド方式導入
  http://www.mlit.go.jp/sogoseisaku/transport/pdf/065_maibara.pdf
- S バスよっかいち http://www.rosenzu.com/sbus/index.html
- 村営バスの概要 http://www.jiam.jp/case/upfile/0034_1.pdf
- 日本バス協会 HP、バス事業のいま http://www.bus.or.jp/110th/jigyo.html#id74
- 北海道で路線バスが宅急便を輸送する「客貨混載」を開始
  http://www.yamato-hd.co.jp/news/h28/h28_67_01news.html
- ドイツで郵便バスが復活 http://hafenstadtberlin.blogspot.jp/2013/11/blog-post.html
- ドイツポスト、長距離バスで客貨混載をテスト運用
  http://www.logi-today.com/203551
- ポストバス/昔は郵便物、今は旅客 http://otayoripost.net/blog/?p=1394
- 病院経営はもっと厳しくなる？ http://oshiete.goo.ne.jp/qa/7147306.html
- 「生活習慣病管理料」について」 http://www.urban.ne.jp/home/haruki3/seikatu.html
- 草津・栗東・守山くるっとバス
  https://www.city.moriyama.lg.jp/chiikishinko/documents/kurutto_bus.pdf
- 国土交通省ホームページ http://www.mlit.go.jp/common/001101008.pdf

おわりに

　日本各地にコミュニティーバスが設定されているが、武蔵野市の「ムーバス」のように経営面も含めて「成功している」と言えるところは少なく、税金の無駄使いとなるケースも多い。三重県鈴鹿市の「Cバス」は赤字経営であるが、最初に利用者を高齢者や身障者などの層に絞り、それから「空気を運ばないバス」にするための十分な実地調査や研究を行って利用者のニーズに合うサービスを提供した結果、「有効に機能する」バスとなった。

　コミュニティーバスを育てるには、「生活バスよっかいち」や「醍醐コミュニティーバス」のように NPO が自治体・バス事業者と住民の間に入り、自治体、事業者、利用者と共にバスを育成する仕組みが不可欠である。運賃収入のみでコミュニティーバスを維持することは非常に難しいが、運賃を徴収することで地域住民に「自分たちで育てるバスである」という自覚を促し、利用しなければ「廃止される」という危機感を持たせるシステムを確立したことは意義深い。

　自治体の財政事情も厳しいが、バス部門は赤字であっても、全体で見ればバスを運行することにより、福祉費用の大幅な削減が可能となるため、評価のシステムを変える必要がある。そして安定したサービスを供給するには、補助金や協賛金の確保が不可欠となるが、利用者も事業者や自治体任せではなく、「バスは地域のインフラである」と認識し、創意工夫を持って育てる努力が必要である。

　最後に、本著を上梓するに当たり、鹿島出版会の橋口聖一氏には、大変お世話になりました。またご多忙中である中、面会の機会を与えていただいたり、電話で応対していただきました各自治体関係者や玉城町の社会福祉協議会の方々に対し、心から感謝いたします。

著者略歴

堀内 重人 (ほりうち しげと)

1967年生まれ。立命館大学大学院経営学研究科博士前期課程修了。運輸評論家として執筆や講演活動を行うかたわら、NPOでも交通問題を中心とした活動を行う。日本交通学会、公益事業学会、日本海運経済学会、交通権学会会員。

主な著書
『都市鉄道と街づくり』文理閣（2006年）
『高速バス』グランプリ出版（2008年）
『鉄道・路線廃止と代替バス』東京堂出版（2010年）
『廃線の危機からよみがえった鉄道』中央書院（2010年）
『ブルートレイン誕生50年』クラッセ（2012年）
『地域で守ろう！ 鉄道・バス』学芸出版社（2012年）
『新幹線VS航空機』東京堂出版（2012年）
『チャレンジする地方鉄道』交通新聞社（2013年）
『元気なローカル鉄道のつくりかた』学芸出版社（2014年）
『寝台列車再生論』戎光祥出版（2015年）
『ビジネスで大事なことは駅弁の中に詰まっている』双葉社（2016年）
『観光列車が旅を変えた』交通新聞社（2016年）

地域の足を支える
コミュニティーバス・デマンド交通

2017年7月20日　第1刷発行

著　者　　堀内重人
　　　　　（ほりうちしげと）

発行者　　坪内　文生

発行所　　鹿島出版会
　　　　　104-0028　東京都中央区八重洲2丁目5番14号
　　　　　Tel. 03(6202)5200　振替 00160-2-180883

落丁・乱丁本はお取替えいたします。
本書の無断複製（コピー）は著作権法上での例外を除き禁じられています。また、代行業者等に依頼してスキャンやデジタル化することは、たとえ個人や家庭内の利用を目的とする場合でも著作権法違反です。

装幀：石原　透　　DTP：編集室ポルカ　　印刷・製本：三美印刷
© Shigeto HORIUCHI 2017、Printed in Japan
ISBN 978-4-306-07336-4　C3051

本書の内容に関するご意見・ご感想は下記までお寄せください。
URL：http://www.kajima-publishing.co.jp
E-mail：info@kajima-publishing.co.jp